普通高等学校热能动力专业教材

热力发电厂课程设计

王培红　编著

东南大学出版社
SOUTHEAST UNIVERSITY PRESS
·南京·

内容提要

全书共分为 4 章，第 1 章介绍热力系统参数校验与修正的方法、模型和应用算例；第 2 章介绍基准系统及其热平衡、等效焓降整体计算的算法模型和应用算例；第 3 章介绍包含(电动或汽动)给水泵、轴封漏汽等辅助成分的实际系统，建立热平衡与等效焓降局部定量的算法模型，并给出应用算例；第 4 章介绍分析系统(复杂热力系统完善化)，展示热力设备性能或热力系统变化时热平衡法与等效焓降法的算法模型，并给出应用算例。书末附有附录，分别介绍计算附表、课程设计任务书、典型火电机组热力系统及其参数、任务选题以及水和水蒸气性质计算软件的安装和使用方法等内容。

本书可作为高等学校热能动力专业“热力发电厂课程设计”的本科生与相关专业研究生教材，也可作为火电厂节能专工以及负责生产经营和技术管理各级领导的参考书。

图书在版编目(CIP)数据

热力发电厂课程设计/王培红编著.—南京：东南大学出版社，2023.1

ISBN 978-7-5641-9907-4

Ⅰ.①热… Ⅱ.①王… Ⅲ.①热电厂—课程设计—高等学校—教材 Ⅳ.①TM621

中国版本图书馆 CIP 数据核字(2021)第 254114 号

责任编辑：马伟　责任校对：杨光　封面设计：顾晓阳　责任印制：周荣虎

热力发电厂课程设计

Reli Fadianchang Kecheng Sheji

编　　著：王培红
出版发行：东南大学出版社
社　　址：南京四牌楼 2 号　邮编：210096　电话：025－83793330
网　　址：http://www.seupress.com
电子邮件：press@seupress.com
经　　销：全国各地新华书店
印　　刷：广东虎彩云印刷有限公司
开　　本：700mm×1000mm　1/16
印　　张：11.75
字　　数：216 千字
版　　次：2023 年 1 月第 1 版
印　　次：2023 年 1 月第 1 次印刷
书　　号：ISBN 978-7-5641-9907-4
定　　价：49.00 元

前　言

热力发电厂是我国电力生产的主体，为社会和经济发展提供了强大而清洁的电力能源。热力发电厂除了使用化石能源的火电厂之外，还包含使用非化石能源的核电厂、太阳能热发电厂以及使用碳中性燃料的生物质能电厂。

目前，火电厂是热力发电厂的主体，发电的同时也消耗了大量的煤炭等化石能源，消耗了大量的冷却水，产生了大量的气态污染物和温室气体，因此，火电厂成为节能减排的主战场。

为了改善热力发电厂的热经济性，我国的热力发电厂（含火电厂）普遍运用了高参数大容量和多联产技术，实现了能量转化的高效化。伴随着高参数大容量和多联产技术的广泛应用，蒸汽动力循环的热系统趋于复杂化。

“热力发电厂”是热能动力类学生的专业必修课之一，重点研究蒸汽动力循环的演进规律、火电机组的能效评价方法与评价指标体系、复杂热力系统的节能潜力分析与优化方法等，同时，也是帮助学生建立工程概念与工程思维的主要环节。

“热力发电厂课程设计”是“热力发电厂”课程配套的实践性教学环节，主要内容是结合火电机组热力系统完善化（如轴封漏汽利用系统、减温喷水系统、厂用蒸汽系统等）和热力设备完善化（如加热器散热损失、给水泵组效率、蒸汽冷却器、疏水冷却器等）等工程应用需求，在定量分析的基础上，提出节能改造建议。

本书以 N200MW 机组为研究对象，结合工程应用需求，设计基准系统、实际系统和分析系统，模拟预测汽轮机热力系统汽水工质参数变化，推演相应的热平衡与等效焓降的算法模型，给出可以相互校验的热力计算结果。

等效焓降是热力系统局部定量的有效工具，但很多学者认为该方法只是一种简化分析方法，其结果与热平衡并不完全一致。

本书通过各种分析案例，说明两者的分析结果完全相同。例如，在疏水泵分析系统，不仅涉及相关加热器内冷热工质吸放热量的改变，甚至相关加热器抽汽等效焓降的计算模型亦发生改变。本书推导了与之对应的热平衡和等效焓降局部定量的算法模型，还通过算例结果证明，即使面对上述改变，热平衡与等效焓降仍然可以得到完全一致的计算结果，验证了热平衡与等效焓降算法模型的正确性。

全书共分为4章，第1章介绍热力系统参数校验与修正的方法、模型和应用算例；第2章介绍基准系统及其热平衡、等效焓降整体计算的算法模型和应用算例；第3章介绍包含(电动或汽动)给水泵、轴封漏汽等辅助成分的实际系统，建立热平衡与等效焓降局部定量的算法模型，并给出应用算例；第4章介绍分析系统(复杂热力系统完善化)，展示热力设备性能或热力系统变化时，热平衡法与等效焓降法的算法模型，并给出应用算例。书末附有附录，分别介绍计算附表、课程设计任务书、典型火电机组热力系统及其参数、任务选题以及水和水蒸气性质计算软件的安装和使用方法等内容。

本书具有以下特色：一是课程设计选题具有工程应用背景，突出模型化与定量化等工程能力培养要素；二是演绎等效焓降由概念到算法体系再到工程应用全过程，突出创新能力培养特色；三是对全部应用案例建立热力计算模型，并得到热平衡与等效焓降两种方法的精确定量验证，展示严谨求真和追求完美的科学精神。

本书是东南大学校级规划教材，可作为高等学校热能动力专业“热力发电厂课程设计”的本科生与相关专业研究生的教材，也可作为火电厂节能专工以及负责生产经营和技术管理各级领导的参考书。

感谢东南大学能源与环境学院葛斌教授，葛教授细致全面地审阅了全书，从系统和细节不同层面提出了许多建设性的修改意见，对提升教材的编写质量做出了突出贡献。

感谢东南大学能源与环境学院研究生汤若鑫、高俊彦、徐璐璐，他们完成了全书各章节及附件书稿的多次校对，对于提升教材的编写质量和按时出版做出了重要贡献。

作者 2022 年春于南京

目　录

第1章　热力系统参数校验与修正 …… 001
1.1　热力系统参数校验与修正的原理(变工况特性) …… 001
1.1.1　凝汽器的变工况特性…… 002
1.1.2　汽轮机缸效率与级组效率…… 005
1.1.3　加热器的变工况特性…… 006
1.2　热力系统参数校验与修正的方法 …… 014
1.2.1　初终再热参数的校验与修正方法…… 014
1.2.2　汽轮机抽汽参数校验与修正方法…… 017
1.2.3　加热器参数的校验与修正方法…… 018
1.3　热力系统参数校验与修正示例 …… 021
1.3.1　机组热力系统的结构特点…… 021
1.3.2　初终再热参数的校验与修正…… 023
1.3.3　抽汽参数的校验与修正…… 024
1.3.4　加热器参数的校验与修正…… 025
1.3.5　本章小结…… 026

第2章　基准系统热力计算 …… 027
2.1　简捷热平衡计算方法 …… 027
2.1.1　基准系统及其汽水工质参数…… 027
2.1.2　加热器热平衡…… 028
2.1.3　热力系统热平衡…… 033
2.1.4　热经济指标…… 040
2.1.5　热平衡计算汇总…… 041
2.1.6　简捷热平衡小结…… 042

2.2 等效焓降计算方法 …… 044
2.2.1 基本概念 …… 044
2.2.2 再热机组变热量等效焓降算法模型 …… 044
2.2.3 再热机组变热量等效焓降应用法则 …… 046
2.2.4 抽汽等效焓降计算 …… 052
2.2.5 抽汽吸热增量与热量转换系数计算 …… 054
2.2.6 新汽等效焓降计算 …… 055
2.2.7 等效焓降计算汇总 …… 055
2.2.8 等效焓降小结 …… 056

第3章 实际系统的热力计算 …… 058
3.1 实际系统及其汽水工质参数 …… 058
3.1.1 实际系统 …… 058
3.1.2 实际系统的结构与特点 …… 058
3.1.3 实际系统汽水工质参数 …… 059
3.2 电动给水泵与电动凝结水泵实际系统分析 …… 060
3.2.1 机理分析与参量计算 …… 060
3.2.2 电动给水泵与电动凝结水泵实际系统的简捷热平衡模型 …… 061
3.2.3 电动给水泵与电动凝结水泵实际系统的等效焓降模型 …… 062
3.2.4 电动给水泵和电动凝结水泵实际系统的定量分析 …… 063
3.2.5 主要结论 …… 064
3.3 汽动给水泵与电动凝结水泵实际系统分析 …… 064
3.3.1 机理分析与参量计算 …… 065
3.3.2 汽动给水泵与电动凝结水泵实际系统的简捷热平衡模型 …… 067
3.3.3 汽动给水泵与电动凝结水泵实际系统的等效焓降模型 …… 067
3.3.4 汽动给水泵和电动凝结水泵实际系统的定量分析 …… 068
3.3.5 主要结论 …… 070
3.4 轴封漏汽利用实际系统分析 …… 070
3.4.1 机理分析与参量计算 …… 070
3.4.2 轴封漏汽利用实际系统的简捷热平衡模型 …… 071
3.4.3 轴封漏汽利用实际系统的等效焓降模型 …… 075

3.4.4　轴封漏汽利用实际系统的定量分析 …… 078
3.4.5　主要结论 …… 081
3.5　加热器散热实际系统分析 …… 082
3.5.1　机理分析与参量计算 …… 082
3.5.2　加热器散热实际系统的简捷热平衡模型 …… 083
3.5.3　加热器散热实际系统的等效焓降模型 …… 083
3.5.4　加热器散热实际系统的定量分析 …… 084
3.5.5　主要结论 …… 086
3.6　合成实际系统分析 …… 086
3.6.1　基于电动给水泵合成实际系统的定量分析 …… 086
3.6.2　基于汽动给水泵合成实际系统的简捷热平衡计算汇总 …… 089
3.6.3　主要结论 …… 091

第4章　分析系统热力计算 …… 093
4.1　散热损失的分析 …… 093
4.1.1　机理分析与参数计算 …… 093
4.1.2　加热器散热分析系统的简捷热平衡模型 …… 093
4.1.3　加热器散热分析系统的等效焓降模型 …… 094
4.1.4　加热器散热损失的定量分析 …… 094
4.1.5　主要结论 …… 096
4.2　蒸汽冷却器的分析 …… 096
4.2.1　机理分析与参数计算 …… 096
4.2.2　蒸汽冷却器分析系统的简捷热平衡模型 …… 097
4.2.3　蒸汽冷却器分析系统的等效焓降模型 …… 097
4.2.4　蒸汽冷却器的定量分析 …… 100
4.2.5　主要结论 …… 101
4.3　疏水冷却器的分析 …… 102
4.3.1　机理分析与参数计算 …… 102
4.3.2　疏水冷却器分析系统的简捷热平衡模型 …… 103
4.3.3　疏水冷却器分析系统的等效焓降模型 …… 103
4.3.4　疏水冷却器分析系统一(无DC系统)的定量分析 …… 105

4.3.5 疏水冷却器分析系统二(全DC系统)的定量分析 …… 106
4.3.6 主要结论 …… 108
4.4 疏水泵的分析 …… 109
4.4.1 机理分析与参数计算 …… 109
4.4.2 疏水泵分析系统的简捷热平衡模型 …… 110
4.4.3 疏水泵分析系统的等效焓降模型 …… 112
4.4.4 疏水泵分析系统一的定量分析 …… 114
4.4.5 疏水泵分析系统二的定量分析 …… 116
4.4.6 主要结论 …… 117
4.5 轴封漏汽利用系统分析 …… 118
4.5.1 机理分析与参数计算 …… 118
4.5.2 轴封漏汽利用分析系统的简捷热平衡模型 …… 118
4.5.3 轴封漏汽利用分析系统的等效焓降模型 …… 119
4.5.4 轴封漏汽利用分析系统的定量分析 …… 121
4.5.5 主要结论 …… 123
4.6 减温喷水系统分析 …… 124
4.6.1 机理分析与参数计算 …… 124
4.6.2 减温喷水分析系统的简捷热平衡模型 …… 125
4.6.3 减温喷水分析系统的等效焓降模型 …… 126
4.6.4 减温喷水分析系统的定量分析 …… 127
4.6.5 主要结论 …… 129

附录 …… 131
附录1 计算附表 …… 131
附表1-1 主汽参数校验与修正表 …… 131
附表1-2 再热汽参数校验与修正表 …… 131
附表1-3 低压缸进口参数校验与修正表 …… 132
附表1-4 排汽参数校验与修正表 …… 132
附表1-5 高压缸抽汽参数校验与修正表 …… 132
附表1-6 中压缸抽汽参数校验与修正表 …… 133
附表1-7 低压缸抽汽参数校验与修正表 …… 134

附表 1-8　加热器出水焓校验与修正表 …… 135
附表 1-9　加热器疏水焓校验与修正表 …… 137
附表 3-7　电动给水泵与电动凝结水泵的简捷热平衡计算汇总表 …… 138
附表 3-9　电动给水泵与电动凝结水泵实际系统的等效焓降计算汇总表 …… 139
附表 3-11　汽动给水泵与电动凝结水泵实际系统的简捷热平衡计算汇总表 …… 139
附表 3-13　汽动给水泵与电动凝结水泵实际系统的等效焓降计算汇总表 …… 140
附表 3-15　轴封漏汽利用实际系统的简捷热平衡计算汇总表 …… 141
附表 3-16　轴封漏汽利用实际系统的等效焓降计算汇总表 …… 141
附表 3-20　加热器散热实际系统的简捷热平衡计算汇总表 …… 142
附表 3-21　加热器散热实际系统的等效焓降计算汇总表 …… 143
附表 3-22　基于电动给水泵实际系统的简捷热平衡计算汇总表 …… 144
附表 3-24　基于电动给水泵合成实际系统的等效焓降计算汇总表 …… 145
附表 3-25　基于汽动给水泵实际系统的简捷热平衡计算汇总表 …… 146
附表 3-27　基于汽动给水泵合成实际系统的等效焓降计算汇总表 …… 146
附录 2　热力发电厂课程设计任务书 …… 148
附录 2.1　课程设计目的 …… 148
附录 2.2　课程设计内容 …… 148
附录 2.3　课程设计要求、进度控制以及成绩评定 …… 149
附录 3　课程设计任务选题 …… 151
附录 3.1　加热器散热损失分析 …… 151
附录 3.2　蒸汽冷却器(SC)系统分析 …… 151
附录 3.3　疏水冷却器(DC)系统分析 …… 153
附录 3.4　疏水泵(DP)系统分析 …… 154

附录 3.5 轴封系统分析 …… 155
附录 3.6 减温喷水系统分析 …… 157
附录 4 设计机组相关资料 …… 159
附录 4.1 国产 N300 MW 机组 …… 159
附录 4.2 国产 N600 MW 机组 …… 160
附录 4.3 引进 300 MW 机组 …… 161
附录 4.4 引进 600 MW 机组 …… 162
附录 4.5 法国 300 MW 机组 …… 163
附录 4.6 意大利 328 MW 机组 …… 164
附录 4.7 日立 350 MW 机组 …… 165
附录 4.8 日立 250 MW 机组 …… 166
附录 4.9 国产 N200 MW 机组 …… 167
附录 4.10 国产 N100 MW 机组(非再热机组) …… 168
附录 5 水和水蒸气性质计算软件 …… 169
附录 5.1 软件的安装 …… 169
附录 5.2 软件的功能说明 …… 172

参考文献 …… 175

第 1 章　热力系统参数校验与修正

热力系统的热经济性分析(如热经济指标计算)的基础是给定工况下热力系统的结构及其相关的汽水工质参数。

对于给定的火电机组和给定工况,其热力系统的结构与汽水工质参数是确定的。

本书定义以下三种工况：一是基准系统;二是实际系统;三是分析系统。

基准系统是指不包含任何辅助成分的理想工况下的系统结构,用作经济指标对比的基准。

实际系统是指在基准系统的基础上,考虑(电动或汽动)给水泵、轴封漏汽利用以及加热器散热损失等辅助成分的实际影响,是维持火电机组正常运行的典型工况下的系统结构。

分析系统是指在实际系统的基础上,通过改变热力系统的连接方式或者热力设备性能,分析各类局部化对经济性指标的影响,是分析工况下的系统结构。

对于上述给定的火电机组和给定工况下的热力系统结构,需要确定或校验与之对应的汽水工质参数。

1.1　热力系统参数校验与修正的原理(变工况特性)

影响热力系统热经济性分析(如热经济指标)的汽水工质参数,包含初终再热参数、抽汽参数和加热器参数(包含相关工质的压力、温度和焓等)等三种类型。

初终再热参数是指主蒸汽参数、再热蒸汽参数、低压缸进口参数和汽轮机(以下可简称汽机)排汽参数。

抽汽参数是指与各级回热加热器抽汽相关的参数,包括抽汽侧参数与壳侧参数。

加热器参数是指与各级回热加热器相关的水工质参数，包括出水参数和疏水参数。

1.1.1 凝汽器的变工况特性

(1) 凝汽器的变工况特性模型

蒸汽动力循环需要高温和低温两个热源，锅炉是蒸汽动力循环的高温热源，而凝汽器就是低温热源。

凝汽器的作用是使在汽轮机内作功后的汽轮机排汽向循环冷却水放热后变成凝结水，由于湿蒸汽和凝结水比容积相差巨大，在凝汽器内形成高度真空。

凝汽器是大型的具有相变(湿蒸汽凝结)的表面式换热器，凝汽器内部使用了大量铜管束并形成巨大的受热面，管束内流动的是循环冷却水(简称循环水)，管束外流动的是湿蒸汽及其相变后产生的凝结水。

凝汽器原则性热力系统及其传热过程 t-F 图如图 1-1 所示。

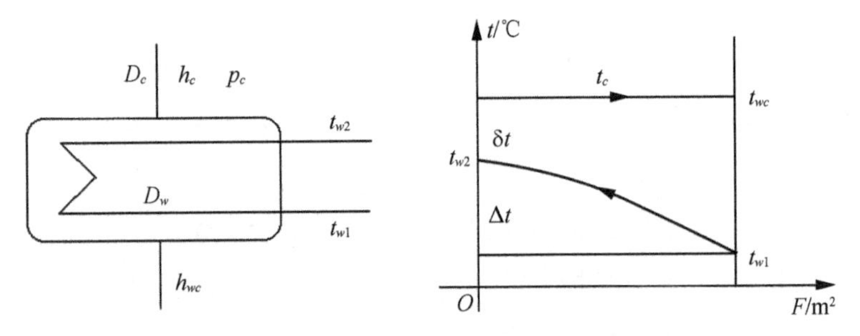

图 1-1 凝汽器原则性热力系统及其传热过程

图中，D_c 是汽轮机排汽流量，D_w 是循环水流量；p_c 是凝汽器压力，h_c 是汽轮机排汽焓，h_{wc} 是凝结水焓；t_{w1} 和 t_{w2} 分别是循环水的进水和出水温度；F 是凝汽器传热面积。

$\delta t = t_c - t_{w2}$ 是传热端差，凝汽器的传热状况越好，传热端差越小；

$\Delta t = t_{w2} - t_{w1}$ 是循环冷却水温升，循环冷却水流量越大，循环冷却水温升越小。

凝汽器的变工况特性是指凝汽器压力随排汽量、循环水量和进水温度的变化关系，凝汽器的变工况模型如下：

已知：环境温度 t_{w1}，凝汽器受热面面积 F_c，汽轮机排汽量 D_c。

计算模型如下：

循环水温升：

$$\Delta t = t_{w2} - t_{w1} = \frac{D_c \cdot (h_c - h_{wc})}{D_w \cdot c_p} = \frac{K_1 \cdot D_c}{D_w} \approx 8 \sim 12℃$$

式中，$K_1 = \frac{(h_c - h_{wc})}{4.1868} \approx 520 \sim 540$。

$m = \frac{D_w}{D_c} \approx 50 \sim 60$ 是循环倍率。

传热端差：

$$\delta t = \frac{5.6}{(t_{w1} + 31.5)} \cdot \left(\frac{D_c}{F_c} + 7.5\right) \approx 2 \sim 5℃$$

式中，F_c 为等效传热面积。

排汽温度：

$$t_c = t_{w1} + \Delta t + \delta t$$

排汽压力：

$$p_c = \mathrm{ps}(t_c)$$

式中，ps 是指由温度求饱和压力的函数。

(2) 算例：N1050 机组(台州第二发电厂 1 000 MW 机组)75%额定负荷工况排汽压力校验

已知：额定负荷工况下，排汽压力 p_c 为 0.005 08 MPa，排汽流量 D_c 为 813.3 t/h，排汽焓 h_c 为 2 313 kJ/kg，凝结水焓 h_{wc} 为 139 kJ/kg。75%额定负荷工况下，排汽压力 p_c 为 0.005 08 MPa，排汽流量 D_c 为 623.6 t/h，排汽焓 h_c 为 2 344.5 kJ/kg，凝结水焓 h_{wc} 为 139 kJ/kg。

两个工况排汽流量 D_c 差异较大，但排汽压力 p_c 相同，需要运用变工况模型校验修正。

A. 利用额定负荷工况参数，确定简化凝汽器变工况模型的参数

假设循环水进水温度 t_{w1} 为 20℃(若需要计算夏季或冬季工况，可改变此值)；

假设循环水温升 Δt 为 10℃(若循环水量较大时，可降低此值)；

利用水和水蒸气性质 $t_c = \mathrm{ts}(p_c)$，确定凝汽器压力对应的饱和温度 t_c 为 33.2℃；

计算传热端差：

$$\delta t = t_c - t_{w1} - \Delta t = 3.2℃$$

确定系数：

$K_1 = \dfrac{(h_c - h_{wc})}{4.1868} = 519.251$（此值随机组工况不同而改变但变化较小，这里取常数）；

确定循环水量：$D_w = \dfrac{K_1 \cdot D_c}{\Delta t}$ 为 42 230.7 t/h（当循环水泵运行方式不发生改变时，此值为常数）；

确定等效传热面积：

$$F_c = \frac{D_c}{\delta t \cdot (t_{w1} + 31.5)/5.6 - 7.5} = 37.0886 \times 10^3 \ \mathrm{m}^2$$

B. 利用简化凝汽器变工况模型，计算 75%额定工况下排汽压力

计算系数：

$$K_1 = \frac{(h_c - h_{wc})}{4.1868} = 526.775$$

计算温升：

$$\Delta t = \frac{K_1 \cdot D_c}{D_w} = 7.78℃ \quad （其中，D_c = 623.6 \times 10^3 \ \mathrm{kg/h}；D_w = 42\,230.7 \ \mathrm{kg/h}）$$

计算端差：

$$\delta t = \frac{5.6}{(t_{w1} + 31.5)} \cdot \left(\frac{D_c}{F_c} + 7.5\right) = 2.64℃ \quad （其中，F_c = 37.0886 \times 10^3，D_c 同上）$$

计算排汽温度：

$$t_c = t_{w1} + \Delta t + \delta t = 30.42℃$$

计算排汽压力：

$$p_c = \mathrm{ps}(t_c) = 0.00435 \ \mathrm{MPa}$$

可见，由于 D_c 的减小，排汽压力相应降低。

1.1.2 汽轮机缸效率与级组效率

(1) 汽轮机缸效率与级组效率模型

汽轮机高压缸的相对内效率简称为汽轮机缸效率，高压缸内各级组的相对内效率简称级组效率。

无论是机缸效率还是级组效率都是指实际焓降与等熵焓降的比值。

高温高压的过热蒸汽在汽轮机高压缸内膨胀过程的 h-s 图(汽态线)如图 1-2 所示。

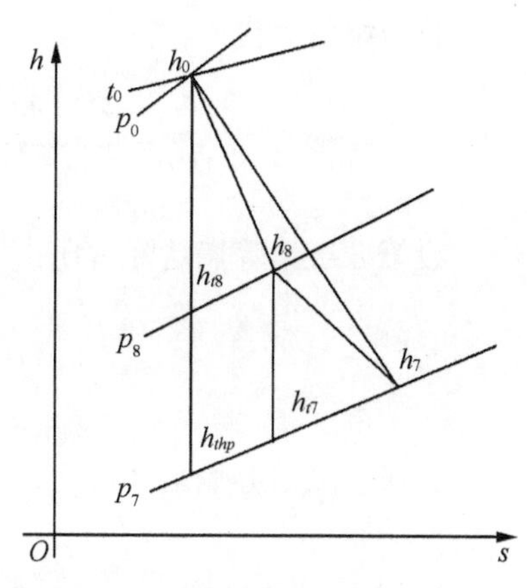

图 1-2 高压缸膨胀过程 ***h-s*** 图

对于烟气再热式汽轮机，高压缸指自高压缸进汽(主蒸汽)至高压缸排汽(第 7 级抽汽)的范围。

第 8 级组是指高压缸进汽(主蒸汽)至第 8 级抽汽，第 7 级组是指第 8 级抽汽至高压缸排汽的范围。

汽轮机高压缸效率为：

$$\eta_{ri}^{hp} = \frac{(h_0 - h_7)}{(h_0 - h_{thp})}$$

式中，$h_0 - h_{thp} = \mathrm{hhh}(p_0, h_0, p_7)$ 是汽轮机高压缸理想焓降(等熵焓降)。

第 8 级组效率为：

$$\eta_{ri}^{8} = \frac{(h_0 - h_8)}{(h_0 - h_{t8})}$$

式中，$h_0 - h_{t8} = \mathrm{hhh}(p_0, h_0, p_8)$ 是高压缸内第 8 级组理想焓降(等熵焓降)。

第 7 级组效率为：

$$\eta_{ri}^{7} = \frac{(h_8 - h_7)}{(h_8 - h_{t7})}$$

式中，$h_8 - h_{t7} = \mathrm{hhh}(p_8, h_8, p_7)$ 是高压缸内第 7 级组理想焓降(等熵焓降)。

其中，$\mathrm{hhh}(p_{in}, h_{in}, p_{out})$ 是由进汽压力、焓和排汽压力计算等熵焓降的函数。

(2) 汽轮机缸效率与级组效率的相互关系

根据汽轮机缸效率和级组效率的定义，两者之间存在如下关系：

$$\eta_{ri}^{hp}=\frac{(h_0-h_7)}{(h_0-h_{thp})}=\frac{(h_0-h_8)+(h_8-h_7)}{(h_0-h_{thp})}$$

将级组效率代入，有

$$\eta_{ri}^{hp}=\frac{\eta_{ri}^{8}\cdot(h_0-h_{t8})+\eta_{ri}^{7}\cdot(h_8-h_{t7})}{(h_0-h_{thp})}$$

设第 8 级组等熵焓降占比：

$$K_8=\frac{(h_0-h_{t8})}{(h_0-h_{thp})}$$

设第 7 级组等熵焓降占比：

$$K_7=\frac{(h_8-h_{t7})}{(h_0-h_{thp})}$$

则有：

$$\eta_{ri}^{hp}=\eta_{ri}^{8}\cdot K_8+\eta_{ri}^{7}\cdot K_7$$

推广到中压缸和低压缸，则有：

$$\eta_{ri}^{p}=\sum_{j=b}^{c}\eta_{ri}^{j}\cdot K_j$$

式中，b 是缸内最高抽汽压力级的编号；

c 是缸内最低抽汽压力级的编号；

η_{ri}^{j} 是第 j 级组效率；

$K_j=\dfrac{(h_{j+1}-h_{tj})}{(h_{in}-h_{tout})}$ 是缸内 j 级组等熵焓降占该缸等熵焓降的比重。

可见，相对内效率高且其等熵焓降占比大的级组，会对汽轮机缸效率产生较大影响。

1.1.3 加热器的变工况特性

利用汽轮机抽汽加热凝结水或给水，可以大幅度降低蒸汽动力循环中的循环吸热量，尽管同时也降低了循环作功量，但循环作功量的减少小于循环吸热量的减少，亦即循环作功量与循环吸热量的比值会增加，故采用给水回热是改善蒸汽动力循环热效率的重要措施。

回热加热器出水温度和疏水温度不仅是回热加热器热平衡计算的重要基础数据，也是衡量回热效果的重要指标之一。

回热加热器(简称加热器)出水温度或疏水温度随抽汽压力变化的关联关系就是加热器的变工况特性。

在汽轮机热力系统(又称回热系统)中，加热器包括混合式加热器与表面式加热器两种类型。

无论何种类型的回热加热器都是以蒸汽工质在主凝结段发生相变换热为基础的换热器，其变工况特性与无相变换热器变工况特性明显不同。

加热器的出水温度和疏水温度是由本级或低压级加热器的抽汽压力 p_j 或 p_{j-1} 决定的(详见下述)，也就是说，当汽轮机各加热器壳侧压力确定后，各加热器出水温度和疏水温度就是确定的。

例如，某加热器抽汽管道逆止门异常，造成抽汽压损率增大，则基于其变工况特性，可以确定其出水温度(随压损率增大而降低)，为了满足该加热器的热平衡关系，其抽汽份额亦将相应地降低。

可见，加热器变工况特性是待分析系统中加热器参数确定或校验的基础和工具。

(1) 加热器的类型与特点

加热器的类型：根据加热器内冷热工质是否通过换热表面交换热量，加热器分为混合式与表面式两种类型。在混合式加热器中，冷热工质直接接触并换热，而表面式加热器内冷热工质通过换热面交换热量。

加热器的编号：为了适应等效焓降计算的需要，加热器的编号依抽汽压力由低压向高压顺序编号，即靠近凝汽器一侧加热器的编号小，靠近锅炉一侧加热器的编号大。

为了描述加热器的相互连接关系，若本级为 j 级，则高压抽汽级加热器为 $j+1$ 级，而低压抽汽级加热器则为 $j-1$ 级。

在第 j 级抽汽管道，靠近汽机侧的压力为抽汽压力，靠近加热器侧的压力为壳侧压力，两者之间的相对差值为管道抽汽压损率。

混合式加热器的出水温度为壳侧压力下的饱和温度，相比于表面式加热器，其出水温度较高，同时该加热器不向低压级加热器排放疏水(疏水随被加热工质以相同的参数离开混合式加热器)，因此，其热量利用充分。

表面式加热器的出水温度一般比壳侧压力下饱和温度低(端差的定义见后

叙),而且其抽汽凝结后转变的疏水(抽汽相变后成为饱和水)排向低压抽汽级加热器,其热量利用不充分。

汽轮机热力系统由若干个(一般是8个)加热器组成,大部分是表面式加热器,只有1个混合式加热器——除氧器,该加热器既能够起到给水回热的作用,也能够满足热除氧的要求,实现给水除氧。

(2) 加热器的壳侧压力与壳侧压力下饱和温度

加热器壳侧压力为:

$$p_{nj}=p_j\cdot(1-\delta p_j)$$

式中,p_j,δp_j 分别为抽汽压力和抽汽压损率,压损率大约为4%~6%。

壳侧压力下饱和温度为:

$$t_{sj}=\mathrm{ts}(p_{nj})$$

式中,ts是由压力计算饱和温度的函数。

(3) 加热器出水压力与疏水压力

A. 混合式加热器

为了除去水中溶解的不凝结气体,需要维持加热器内水工质始终处于其工作压力下的饱和状态,因此,除氧器只能采用混合式加热器的结构形式。

作为混合式加热器,在忽略除氧器内工质流动阻力的情况下,其疏水(疏水是指来自汽轮机的抽汽在加热器内放热后形成的凝结水)与出水(包含疏水与进口被加热的水)以相同的压力离开该加热器。

因此,除氧器的出水压力和疏水压力相同,均为除氧器壳侧压力。

B. 表面式加热器

在汽轮机热力系统中,除了用做除氧器的混合式加热器外,大量使用了表面式加热器。

高压加热器与低压加热器(以下简称高加和低加):在汽轮机热力系统中,以除氧器为界,根据管内工质(被加热的冷工质)压力的高低,分为高压加热器和低压加热器。

给水与高压加热器的出水压力:除氧器出口水经给水泵的升压后被称为给水;给水进入高压加热器吸热升温,即高压加热器的管内工质承受给水泵出口压力。

在忽略各高压加热器的水阻(管侧流动阻力)后,各高压加热器出水压力均可取为给水泵出口压力,即:

$$p_{wj}=p_{fp}\approx 1.2\cdot p_0$$

式中，p_0 是主汽压力。

凝结水与低压加热器的出水压力：凝汽器出口水经凝结水泵升压后被称为凝结水（或凝水）；凝水进入低压加热器吸热升温，即低压加热器的管内工质承受凝结水泵出口压力。

在忽略各低压加热器的水阻（管侧流动阻力）后，各低压加热器出水压力均可取为凝结水泵出口压力，即：

$$p_{wj}=p_{cp}\approx 1.2\cdot p_d$$

式中，p_d 是除氧器压力。

在忽略各表面式加热器（无论是高压加热器还是低压加热器）壳侧流动阻力后，疏水压力均可取为该加热器壳侧压力，即：

$$p_{dj}=p_{nj}$$

所以，无论是高压加热器还是低压加热器，其出水压力 p_{wj} 均高于疏水压力 p_{dj}。

(4) 加热器出水温度与疏水温度

汽轮机回热系统中有多种类型的加热器，可以归纳为以下六种。

A. 混合式加热器

除氧器是典型的混合式加热器，冷热工质直接混合换热，汽轮机抽汽向进入除氧器的凝结水放热后发生相变形成了疏水，该疏水与进入除氧器的凝结水混合后以相同的温度离开除氧器。

除氧器的原则性热力系统与传热过程 t-F 图见图 1-3。

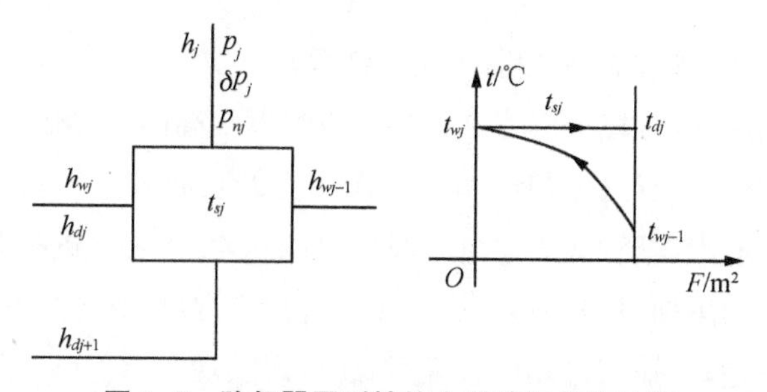

图 1-3　除氧器原则性热力系统与传热过程

混合式加热器的出水温度 t_{wj} 与疏水温度 t_{dj} 相同，均为其壳侧压力下的饱和温度 t_{sj}。

$$t_{wj}=t_{dj}=\mathrm{ts}(p_{nj})$$

其中，$\mathrm{ts}(p_{nj})$ 是指除氧器壳侧压力 p_{nj} 下的饱和温度。

B. 表面式加热器(主凝结段)

表面式加热器由于存在换热管束(一般为高导热系数的铜合金材料),加热器分为壳侧空间(是指换热管束的外面,汽轮机抽汽在加热器壳侧流动)和管侧空间(是指换热管束的内部,被加热的水在加热器管侧流动),加热工质(汽轮机抽汽)和被加热工质(水)通过换热管束的表面交换热量。

表面式加热器(主凝结段)原则性热力系统与传热过程 t-F 图见图 1-4。

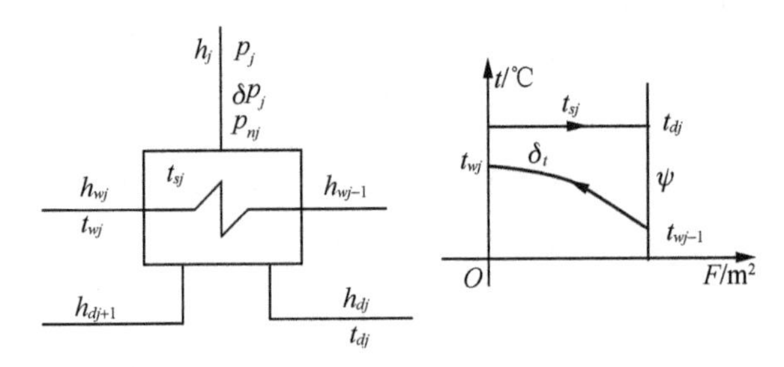

图 1-4　表面式加热器(主凝结段)原则性热力系统与传热过程

表面式加热器(主凝结段)出水温度:

$$t_{wj}=t_{sj}-\theta_j$$

式中,θ_j 为端差,其值与传热系数相关,高加为 2~3℃,低加为 3~5℃。

表面式加热器(主凝结段)疏水温度:

$$t_{dj}=t_{sj}$$

C. 表面式加热器(蒸汽冷却器+主凝结段)

为了充分利用抽汽过热度,通常在抽汽过热度较高的加热器中附加蒸汽冷却器(以下简记为 SC)。蒸汽冷却器是一个无相变的表面式换热器,其壳侧为具有过热度的汽轮机抽汽,其管侧为主凝结段出口的水,在无相变的换热条件下,使得蒸汽冷却器可以利用抽汽的过热度进一步提升出水温度,其作用相当于降低了表面式加热器的端差,当抽汽过热度较大时,还可以实现负端差(即出水温度高于壳侧压力下的饱和温度)。

只有存在过热度的汽轮机抽汽级,才可以附加使用蒸汽冷却器。

表面式加热器(蒸汽冷却器+主凝结段)原则性热力系统与传热过程 t-F 图见图 1-5。

表面式加热器(蒸汽冷却器+主凝结段)出水温度:

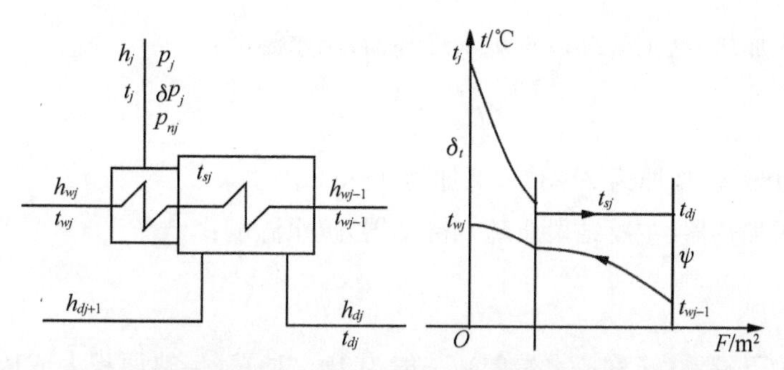

图 1-5　表面式加热器(蒸汽冷却器＋主凝结段)原则性热力系统与传热过程

$$t_{wj}=t_{sj}-\theta_j$$

式中，θ_j 为端差，蒸汽冷却器端差为－1～1℃，过热度较大时取较小值。

表面式加热器(蒸汽冷却器＋主凝结段)疏水温度：

$$t_{dj}=t_{sj}$$

D. 表面式加热器(主凝结段＋疏水冷却器)

为了充分回收利用疏水的热量，通常在表面式加热器中附加疏水冷却器(以下简记为 DC)。疏水冷却器是一个无相变的表面式换热器，其壳侧为主凝结段排出的疏水，其管侧为进入主凝结段的水，在无相变的换热条件下，使得疏水冷却器可以将疏水的热量加热进入主凝结段的水，其作用相当于降低了表面式加热器的疏水参数。疏水冷却器存在下端差(又称为疏水端差)，表示使用疏水冷却器后本加热器进水温度对疏水温度的约束作用。下端差与疏水冷却器的换热状况相关，当换热状况良好时，下端差较小。

几乎所有表面式加热器都可以附加使用疏水冷却器。

表面式加热器(主凝结段＋疏水冷却器)原则性热力系统与传热过程 t-F 图见图 1-6。

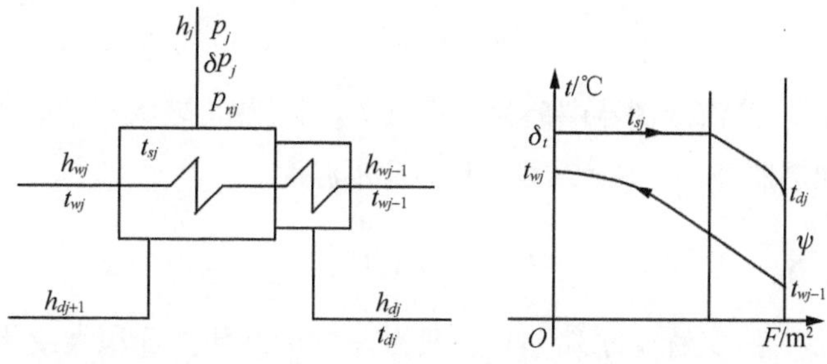

图 1-6　表面式加热器(主凝结段＋疏水冷却器)原则性热力系统与传热过程

表面式加热器（主凝结段＋疏水冷却器）出水温度：

$$t_{wj}=t_{sj}-\theta_j$$

式中，θ_j 为端差，高加为 2～3℃，低加为 3～5℃。

表面式加热器（主凝结段＋疏水冷却器）疏水温度：

$$t_{dj}=t_{wj-1}+\psi_j$$

式中，ψ_j 为下端差（又称疏水端差），一般为 10～15℃（传热面积大或传热状况好时取小值）。

E. 表面式加热器（蒸汽冷却器＋主凝结段＋疏水冷却器）

对于存在过热度的汽轮机抽汽级，可以同时附加独立的蒸汽冷却器和疏水冷却器，具有提高本级加热器出水温度和降低疏水参数的双重效果。

表面式加热器（SC＋主凝结段＋DC）原则性热力系统与传热过程 t-F 图见图 1-7。

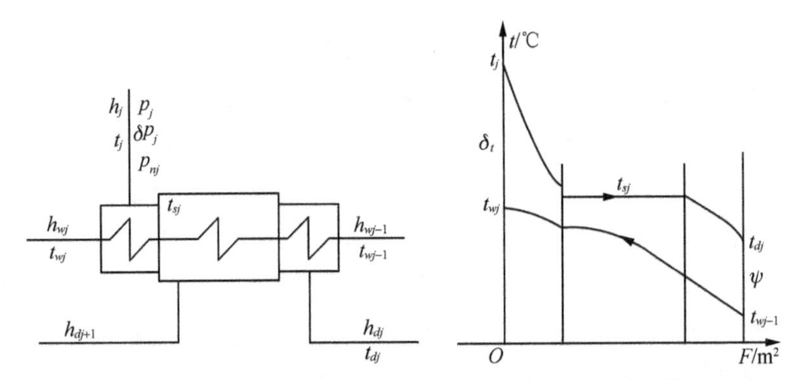

图 1-7　表面式加热器（SC＋主凝结段＋DC）原则性热力系统与传热过程

表面式加热器（SC＋主凝结段＋DC）出水温度：

$$t_{wj}=t_{sj}-\theta_j$$

式中，θ_j 为端差，蒸汽冷却器端差为－1～1℃，当过热度较大时取较小值。

表面式加热器（SC＋主凝结段＋DC）疏水温度：

$$t_{dj}=t_{wj-1}+\psi_j$$

式中，ψ_j 为下端差（又称疏水端差），一般为 5～15℃（传热面积大或传热状况好时取小值）。

F. 表面式加热器(主凝结段+疏水泵)

为了更充分地回收利用疏水热量,可以在表面式加热器中附加疏水泵(以下简记为 DP)。疏水泵可以将本级疏水(包含高压级加热器的疏水及本级抽汽放热后产生的疏水)经疏水泵升压后汇入本级加热器的出口。附加疏水泵具有以下两方面的效果:一是截流疏水,避免该疏水带热量排挤(替代)低压级加热器的抽汽,使本级加热器在热平衡意义上等效于混合式加热器;二是利用疏水温度,提升混合点后的出水焓,相当于起到降低端差的效果。

考虑到疏水泵的投资和可靠性,疏水泵一般只用于汽轮机低压抽汽级的加热器。

表面式加热器(主凝结段+疏水泵)原则性热力系统与传热过程 t-F 图见图 1-8。

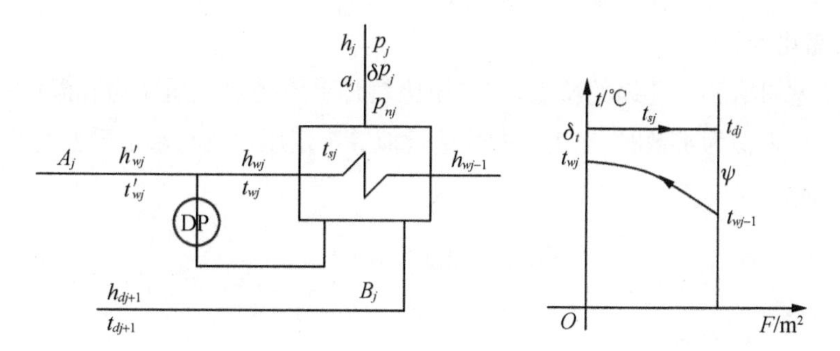

图 1-8　表面式加热器(主凝结段+疏水泵)原则性热力系统与传热过程

表面式加热器出水温度(混合点前):

$$t_{wj}=t_{sj}-\theta_j$$

式中,θ_j 为端差,高压加热器为 2~3℃,低压加热器为 3~5℃。

等效混合式加热器出水温度(混合点后):

$$h'_{wj}=h_{wj}+\frac{(B_j+\alpha_j)}{A_j}\cdot(h_{dj}-h_{wj})$$

式中,A_j、α_j、B_j 分别为本级 (j 级)的出水份额、本级 (j 级)的抽汽份额、上一级 ($j+1$ 级)疏水份额和,可见,装有疏水泵的表面式加热器在热力计算过程中需要迭代计算。

等效混合式加热器(主凝结段+疏水泵)疏水温度:

$$t_{dj}=t_{sj}$$

(5) 加热器出水焓和疏水焓

A. 精确计算的方法

在已知加热器出水压力 p_{wj}、疏水压力 p_{dj} 的基础上，利用水和水蒸气性质计算软件，可以精确计算出水焓和疏水焓。

出水焓：

$$h_{wj} = \text{wat}(t_{wj},\ p_{wj},\ 1)$$

式中，wat(t, p, 1) 是由压力和温度求水工质的焓。

疏水焓：

$$h_{dj} = \text{wat}(t_{dj},\ p_{dj},\ 1)$$

式中，wat(t, p, 1) 是由压力和温度求水工质的焓。

B. 简化计算

由于水具有不可压缩的特点，其定压比热几乎不受水工质压力和温度的影响，当定压比热近似为常数时，水工质的焓值近似等于定压比热与水工质温度的乘积。

出水焓：

$$h_{wj} \approx 4.186\ 8 \cdot t_{wj}$$

疏水焓：

$$h_{dj} \approx 4.186\ 8 \cdot t_{dj}$$

上述简化关系，在低压（压力小于 1 MPa）情况下，精度较高（相对误差小于 1%），亦即疏水焓 h_{dj} 和低压加热器出水焓 h_{wj} 的近似计算精度较高，而高加出水焓的近似计算存在一定的误差（最大相对误差不超过 6%）。

1.2 热力系统参数校验与修正的方法

1.2.1 初终再热参数的校验与修正方法

(1) 主蒸汽参数校验与修正

主蒸汽参数是指汽轮机高压缸进口侧蒸汽参数，主要包括主汽温度 t_0、主汽压力 p_0 和主汽焓 h_0。

主蒸汽参数校验方法：

① 主蒸温度 t_0 和主汽压力 p_0：一般认为是正确的。

② 主汽焓 h_0：使用水和水蒸气性质计算软件计算获得计算主汽焓，若给定主汽焓与计算主汽焓不等，则使用计算主汽焓代替给定主汽焓。

以本文使用的水和水蒸气性质软件为例，计算主汽焓为：

$$h_0 = \text{ste}(t_0, \ p_0, \ 1)$$

(2) 再热蒸汽参数校验与修正

再热蒸汽(以下可简称再热汽)参数是指汽轮机中压缸进口的蒸汽参数，主要包括再热汽温 t_{rh}、再热汽压 p_{rh} 和再热汽焓 h_{rh}。

再热蒸汽参数校验方法：

① 再热汽温 t_{rh}：$t_{rh} = t_0$ 再热汽温等于主汽温度，一般认为是正确的。

② 再热汽压 p_{rh}：再热汽压一般通过高压缸排汽压力 p'_{rh} 扣除再热汽压损率计算获得，其中，再热汽压损率 δp_{rh} 一般为 3%～8%；若计算再热汽压与给定再热汽压不等，则使用计算再热汽压代替给定再热汽压。

计算再热汽压为：

$$p_{rh} = p'_{rh} \cdot (1 - \delta p_{rh})$$

③ 再热汽焓 h_{rh}：使用水和水蒸气性质计算软件获得计算再热汽焓，若给定再热汽焓与计算再热汽焓不等，则使用计算再热汽焓代替给定再热汽焓。

计算再热汽焓为：

$$h_{rh} = \text{ste}(t_{rh}, \ p_{rh}, \ 1)$$

(3) 低压缸进口参数

低压缸进口(以下简称低进)参数是指低压缸进口侧参数，主要包括低进汽温 t_{lp}、低进汽压 p_{lp} 和低进汽焓 h_{lp}。

低压缸进汽参数校验方法：

① 低进汽压 p_{lp}

低进汽压一般通过中压缸排汽压力 p'_{lp} 扣除中低压缸连通管压损率 δp_{lp} 计算获得，其中，中低压缸连通管压损率 δp_{lp} 一般为 2%～3%；若计算低进汽压与给定低进汽压不等，则使用计算低进汽压代替给定低进汽压。

计算低进汽压为：

$$p_{lp} = p'_{lp} \cdot (1 - \delta p_{lp})$$

② 低进汽焓 h_{lp}

低进汽焓等于中压缸排汽焓，一般认为是正确的。

③ 低进汽温 t_{lp}

使用水和水蒸气性质计算软件获得计算低进汽温，若给定低进汽温与计算低进汽温不等，则使用计算低进汽温代替给定低进汽温。

计算低进汽温为：

$$t_{lp} = \mathrm{pht}(p_{lp},\ h_{lp})$$

(4) 低压缸排汽(凝汽器进口)参数

低压缸排汽(以下可简称低排)参数是指凝汽器进口侧蒸汽参数以及凝汽器出水侧参数。包括排汽压力 p_c、凝结水焓 h_{wc} 和排汽焓 h_c。

低压缸排汽参数校验方法：

① 排汽压力 p_c：一般情况下认为排汽压力正确。如有必要，可以采用前述凝汽器简化变工况模型校验其正确性。

② 凝结水焓 h_{wc}：是排汽压力下饱和水焓，即

$$h_{wc} = \mathrm{wat}(\mathrm{ts}(p_c),\ p_c,\ 1)$$

③ 排汽焓 h_c：由于汽轮机排汽处于湿蒸汽状态，排汽压力与排汽温度不独立。排汽焓除需要已知排汽压力 p_c 或排汽温度 t_c 外，还需要排汽干度、排汽熵或排汽比热容等独立变量中的任意一个。

排汽焓 h_c 校验中，一般需要采用以下两种校验策略：

A. 利用低压缸相对内效率

低压缸相对内效率定义为：

$$\eta_{ri}^{lp} = \frac{h_{lp} - h_c}{\mathrm{hhh}(p_{lp},\ h_{lp},\ p_c)}$$

式中，p_{lp}、h_{lp}、p_c 分别是低进汽压、低进汽焓、排汽压力；

$\mathrm{hhh}(p_{in},\ h_{in},\ p_{out})$ 是由进汽压力、进汽焓和排汽压力计算等熵焓降的函数；

η_{ri}^{lp} 为低压缸相对内效率，其值可参考高、中压缸效率，一般为 0.9～0.92。

则，低压缸排汽焓为：

$$h_c = h_{lp} - \mathrm{hhh}(p_{lp},\ h_{lp},\ p_c) \cdot \eta_{ri}^{lp}$$

B. 利用排汽干度

排汽干度的定义为：

$$x_c = \frac{h_c - h'_c}{h''_c - h'_c}$$

式中，h_c、h''_c、h'_c 分别为排汽焓、排汽压力下饱和汽焓与饱和水焓；

x_c 的取值为 0.88～0.94（主汽压力高时取用较低的值）。

则，低压缸排汽焓为：

$$h_c = h'_c + x_c \cdot (h''_c - h'_c)$$

1.2.2　汽轮机抽汽参数校验与修正方法

抽汽参数是指汽轮机回热加热器抽汽的汽轮机侧参数和加热器壳侧参数，包括抽汽压力、抽汽焓（或者温度）以及加热器壳侧压力。

(1) 抽汽压力的校验与修正方法

抽汽压力 p_j：一般情况下，可以采用级组压比来校验或修正给定的抽汽压力。

级组压比为：

$$\varepsilon_j = \frac{p_j}{p_{j+1}}$$

式中，p_j、p_{j+1} 分别为本级和高压级抽汽压力。

级组压比 ε_j 正确性判据是：$0.3 \leqslant \varepsilon_j \leqslant 0.7$，一般情况下，级组压比在 0.5 左右。

若级组压比不在上述取值区间时，应修正 p_j。

(2) 抽汽焓（或者温度）的校验与修正方法

抽汽焓 h_j：一般情况下，可以采用级组效率来校验或修正给定的抽汽焓。

级组效率为：

$$\eta_{ri}^{j} = \frac{(h_{j+1} - h_j)}{\mathrm{hhh}(p_{j+1}, h_{j+1}, p_j)}$$

式中，$\mathrm{hhh}(p_{j+1}, h_{j+1}, p_j)$、$h_j$ 分别为由高压级压力、抽汽焓和本级抽汽压力计算的本级组等熵焓降以及本级抽汽焓。

级组效率 η_{ri}^{j} 正确性判据是：$\eta_{ri}^{p} \cdot 0.9 \leqslant \eta_{ri}^{j} \leqslant \eta_{ri}^{p} \cdot 1.1$，即级组效率与其所在的缸效率相当。

若级组效率不在上述取值区间时，应修正 h_j。

(3) 加热器壳侧压力的修正方法

加热器壳侧压力 p_{nj}：一般情况下，可采用抽汽压损率来校验或修正加热器壳侧压力。

抽汽压损率为：

$$\delta p_j = \frac{(p_j - p_{nj})}{p_j}$$

式中，p_j、p_{nj} 分别为本级抽汽压力与本级壳侧压力。

抽汽压损率 δp_j 正确性判据是：$0.03 \leqslant \delta p_j \leqslant 0.08$。

若抽汽压损率不在上述取值区间时，应修正 p_{nj}。

1.2.3 加热器参数的校验与修正方法

加热器参数是指加热器出水和疏水参数，包括出水压力、出水温度、出水焓、疏水压力、疏水温度和疏水焓，在热力计算中需要使用的是出水焓和疏水焓。

(1) 出水压力的校验与修正方法

出水压力 p_{wj}：

高压加热器的出水压力等于给水泵出口压力：

$$p_{wj} = p_{fp} \approx 1.2 p_0$$

式中，p_0 为主汽压力。

低压加热器出水压力等于凝结水泵出口压力：

$$p_{wj} = p_{cp} \approx 1.2 p_d$$

式中，p_d 为除氧器壳侧压力。

除氧器的出水压力为其壳侧压力：

$$p_{wd} = p_{nj}$$

(2) 出水温度的校验与修正方法

出水温度 t_{wj}：一般情况下，可采用端差（出水端差）验证或修正其出水温度。

加热器端差（出水端差）：

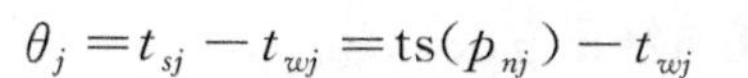

$$\theta_j = t_{sj} - t_{wj} = \mathrm{ts}(p_{nj}) - t_{wj}$$

式中，p_{nj} 为本级壳侧压力；t_{wj} 为本级出水温度。

端差 θ_j 正确性判据是：

$$-1℃ \leqslant \theta_j \leqslant 5℃$$

式中,有 SC 的表面式加热器,端差一般在－1～1℃之间；

无 SC 的表面式加热器,高加一般在 2～3℃,低加在 3～5℃之间；

除氧器是混合式加热器,端差为零。

若加热器的端差不在上述取值区间时,应修正 t_{wj}。

(3) 出水焓的校验与修正方法

出水焓 h_0：可以采取两种方法校验或修正出水焓。

A. 精确计算

使用水和水蒸气性质计算软件获得计算出水焓,若给定出水焓与计算出水焓不等,则使用计算出水焓代替给定出水焓。

以本书使用的水和水蒸气性质软件为例,计算出水焓为：

$$h_{wj} = \mathrm{wat}(t_{wj}, p_{wj}, 1)$$

B. 近似计算

将端差折算为近似对应的焓差,并根据端差的定义计算出水焓。

计算出水焓为：

$$h_{wj} = h_{sj} - 4.186\,8\theta_j$$

式中,h_{sj}、θ_j 分别为壳侧压力下饱和水焓和端差；

有 SC 的表面式加热器,端差一般在－1～1℃之间；

无 SC 的表面式加热器,高加一般在 2～3℃,低加在 3～5℃之间；

除氧器是混合式加热器,端差为零。

(4) 疏水压力的校验与修正方法

疏水压力 p_{dj}：加热器的疏水压力等于其壳侧压力。

即加热器疏水压力为：

$$p_{dj} = p_{nj}$$

式中,p_{nj} 为本级壳侧压力。

(5) 疏水温度的校验与修正方法

疏水温度 t_{wj}：可以分别利用下端差(有 DC 的加热器)或饱和温度(无 DC 的加热器)予以校验和修正。

A. 对于有 DC 的加热器

加热器下端差(疏水端差)为：

$$\psi_j = t_{dj} - t_{wj+1}$$

式中，t_{dj}、t_{wj+1} 分别为本级疏水温度与低压级加热器出水温度。

下端差 ψ_j 正确性判据是：

$$5℃ \leqslant \psi_j \leqslant 15℃$$

式中，传热面积大且传热效果良好的 DC，下端差取较小值。

若加热器的下端差不在上述取值区间时，应修正 t_{dj}。

B. 对于无 DC 的加热器

疏水温度为：

$$t_{dj} = t_{sj} = \mathrm{ts}(p_{nj})$$

若给定疏水温度与计算疏水温度不等，则使用计算疏水温度代替给定疏水温度。

(6) 疏水焓的校验与修正方法

疏水焓 h_0：可以采取两种方法校验或修正疏水焓。

A. 精确计算

使用水和水蒸气性质计算软件获得计算疏水焓，若给定疏水焓与计算疏水焓不等，则使用计算疏水焓代替给定疏水焓。

以本文使用的水和水蒸气性质软件为例，计算出水焓为：

$$h_{dj} = \mathrm{wat}(t_{dj}, p_{dj}, 1)。$$

B. 近似计算

对于有 DC 的加热器：

将下端差折算为近似对应的焓差，并根据下端差的定义计算疏水焓。

计算疏水焓为：

$$h_{dj} = h_{wj+1} + 4.186\,8\psi_j$$

式中，h_{wj+1}、ψ_j 分别为进口水焓和下端差，下端差一般取值为 5～15℃。

对于无 DC 的加热器：

计算疏水焓为：

$$h_{dj}=h_{sj}=\mathrm{wat}(\mathrm{ts}(p_{nj}),\ p_{nj},\ 1)$$

式中，p_{nj} 为壳侧压力。

1.3　热力系统参数校验与修正示例

结合国产 N200MW 级组热力系统结构与参数，示例说明热力系统参数校验的步骤与方法。

1.3.1　机组热力系统的结构特点

(1) 原则性热力系统原始热力参数

N200-130/535/535 机组原则性热力系统如图 1-9 所示。

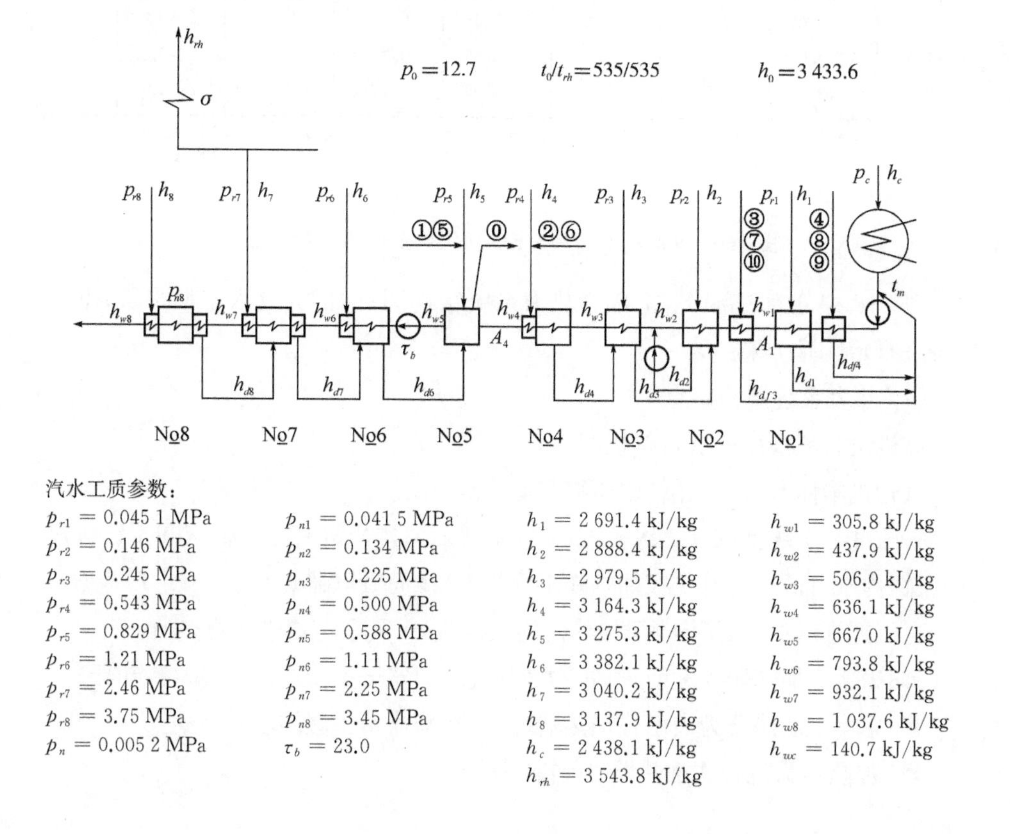

汽水工质参数：

$p_{r1}=0.045\,1$ MPa	$p_{n1}=0.041\,5$ MPa	$h_1=2\,691.4$ kJ/kg	$h_{w1}=305.8$ kJ/kg
$p_{r2}=0.146$ MPa	$p_{n2}=0.134$ MPa	$h_2=2\,888.4$ kJ/kg	$h_{w2}=437.9$ kJ/kg
$p_{r3}=0.245$ MPa	$p_{n3}=0.225$ MPa	$h_3=2\,979.5$ kJ/kg	$h_{w3}=506.0$ kJ/kg
$p_{r4}=0.543$ MPa	$p_{n4}=0.500$ MPa	$h_4=3\,164.3$ kJ/kg	$h_{w4}=636.1$ kJ/kg
$p_{r5}=0.829$ MPa	$p_{n5}=0.588$ MPa	$h_5=3\,275.3$ kJ/kg	$h_{w5}=667.0$ kJ/kg
$p_{r6}=1.21$ MPa	$p_{n6}=1.11$ MPa	$h_6=3\,382.1$ kJ/kg	$h_{w6}=793.8$ kJ/kg
$p_{r7}=2.46$ MPa	$p_{n7}=2.25$ MPa	$h_7=3\,040.2$ kJ/kg	$h_{w7}=932.1$ kJ/kg
$p_{r8}=3.75$ MPa	$p_{n8}=3.45$ MPa	$h_8=3\,137.9$ kJ/kg	$h_{w8}=1\,037.6$ kJ/kg
$p_n=0.005\,2$ MPa	$\tau_b=23.0$	$h_c=2\,438.1$ kJ/kg	$h_{wc}=140.7$ kJ/kg
		$h_{rh}=3\,543.8$ kJ/kg	

$h_{d1}=321.8$ kJ/kg	$\alpha_{f1}=0.002\,836\,1$	$h_{f1}=3\,433.5$ kJ/kg
$h_{d2}=453.8$ kJ/kg	$\alpha_{f2}=0.005\,754\,4$	$h_{f2}=3\,100.8$ kJ/kg
$h_{d3}=521.5$ kJ/kg	$\alpha_{f3}=0.000\,196\,72$	$h_{f3}=3\,433.5$ kJ/kg
$h_{d4}=639.8$ kJ/kg	$\alpha_{f4}=0.002\,327\,8$	$h_{f4}=3\,087.1$ kJ/kg
$h_{d6}=783.8$ kJ/kg	$\alpha_{f5}=0.000\,229\,5$	$h_{f5}=3\,543$ kJ/kg
$h_{d7}=890.6$ kJ/kg	$\alpha_{f6}=0.001\,459$	$h_{f6}=3\,492.9$ kJ/kg
$h_{d8}=1\,046.0$ kJ/kg	$\alpha_{f7}=0.000\,393$	$h_{f7}=3\,543$ kJ/kg
$h_{df3}=390.3$ kJ/kg	$\alpha_{f8}=0.001$	$h_{f8}=3\,492.9$ kJ/kg
$h_{df4}=418.6$ kJ/kg	$\alpha_{f9}=0.000\,738$	$h_{f9}=2\,754.5$ kJ/kg
	$\alpha_{f10}=0.000\,869$	$h_{f10}=2\,754.5$ kJ/kg
	$\alpha_{f0}=0.002\,541$	$h_{f0}=2\,754.5$ kJ/kg

注：①～⑪表示向轴封送汽；
①～④来自再热冷段以前。

项目 / No	H_j^0/(kJ/kg)	η_j^0	H_j/(kJ/kg)	η_j	α_j	τ_j/(kJ/kg)	q_j/(kJ/kg)	γ_j/(kJ/kg)
1	253.3	0.099 306	253.2	0.099 306	0.044 182	165.1	2 550.7	
2	433.9	0.168 01	433.9	0.168 01	0.037 773	134.0	2 582.6	215.7
3	488.8	0.198 86	488.8	0.198 86	0.021 124	66.2	2 458.0	118.3
4	650.1	0.257 52	650.1	0.257 52	0.037 186	130.1	2 524.5	
5	751.6	0.284 78	751.6	0.284 78	0.002 175 2	30.9	2 639.2	147.7
6	816.3	0.314 17	816.3	0.314 17	0.036 012	126.8	2 598.3	106.8
7	944.4	0.439 34	726.7	0.338 06	0.061 854	138.3	2 149.6	155.4
8	937.8	0.465 51	771.9	0.368 99	0.051 462	105.5	2 091.9	

$Q=2\,836.8$ kJ/kg　$Q_0=2\,899.5$ kJ/kg　$A_4=0.847\,97$　$\Delta Q_{rh-7}=503.6$ kJ/kg
$H=1\,226.0$ kJ/kg　$H_0=1\,253.1$ kJ/kg　$A_1=0.744\,67$　$\Delta Q_{rh-8}=467.2$ kJ/kg
$\eta_i=0.432\,2$　$\alpha_{rh}=0.875\,57$

图 1-9　N200－130/535/535 机组原则性热力系统图

图 1-9 中分为三部分：上部为热力系统结构图；中部为汽水工质参数；下部附表是原始计算结果。

(2) 热力系统结构特点

该机组为超高压一次再热机组。

汽轮机本体包含高压缸、中压缸和低压缸。

高压缸有 1 级抽汽和 1 级排汽(高压缸排汽)；中压缸有 2 级抽汽和 1 级排汽(中压缸排汽)；低压缸有 3 级抽汽和 1 级排汽(排向凝汽器)。

高压缸排汽中，除了向＃7 加热器提供抽汽外，其余蒸汽进入再热器。

＃8 和＃7 加热器为表面式加热器(蒸汽冷却器＋主凝结段＋疏水冷却器)。

＃6 和＃4 加热器为表面式加热器(蒸汽冷却器＋主凝结段)。

＃5 加热器为混合式加热器，用作除氧器。

＃3 加热器为表面式加热器(主凝结段)。

＃2 加热器为表面式加热器(主凝结段＋疏水泵),在热平衡意义上等效为混合式加热器。

＃1 加热器为表面式加热器(主凝结段＋疏水排向热井),在热平衡意义上等效为混合式加热器。

汽轮机采用电动给水泵。

1.3.2　初终再热参数的校验与修正

(1) 主汽参数的校验与修正结果(表 1-1)

表 1-1　主汽参数校验与修正结果

序号	名称	符号	单位	公式	数值	校验结论
1	主汽温度	t_0	℃	给定	535	确认
2	主汽压力	p_0	MPa	给定	12.7	确认
3	主汽焓	h_0	kJ/kg	给定	3 433.5	不修正

主汽参数校验与修正详细计算过程见附表 1-1。

(2) 再热汽参数的校验与修正结果(表 1-2)

表 1-2　再热汽参数校验与修正结果

序号	名称	符号	单位	公式	数值	校验结论
1	再热汽温	t_{rh}	℃	给定	535	确认
2	再热汽压	p_{rh}	MPa	给定	2.16	修正
3	高排汽压	p'_{rh}	kJ/kg	给定	3 543	修正

再热汽参数校验与修正详细计算过程见附表 1-2。

(3) 低压缸进口参数的校验与修正结果(表 1-3)

表 1-3　低压缸进口参数校验与修正结果

序号	名称	符号	单位	公式	数值	校验结论
1	低进汽焓	h_{lp}	kJ/kg	$h_{lp}=h'_{lp}$	3 164.5	确认
2	低进汽压	p_{lp}	MPa	校验结论	0.538	修正
3	低进汽温	t_{lp_c}	℃	校验结论	348.6	修正

低压缸进口参数校验与修正详细计算过程见附表 1-3。

(4) 排汽参数的校验与修正结果(表 1-4)

表 1-4 排汽参数校验与修正结果

序号	名称	符号	单位	公式	数值	校验结论
1	排汽压力	p_c	MPa	给定	0.005 2	确认
2	排汽焓	h_c	kJ/kg	校验结论	2 438.1	不修正
3	凝结水焓	h_{wc}	kJ/kg	校验结论	140.7	不修正

排汽参数校验与修正详细计算过程见附表 1-4。

1.3.3 抽汽参数的校验与修正

抽汽参数校验可以分为高压缸、中压缸和低压缸三个部分进行。

(1) 高压缸抽汽参数的校验与修正结果(表 1-5)

表 1-5 高压缸抽汽参数校验与修正结果

序号	名称	符号	单位	公式	数值	校验结论
1	♯8 抽汽压力	p_8	MPa	校验结论	3.75	不修正
2	♯7 抽汽压力	p_7	MPa	校验结论	2.46	不修正
3	♯8 抽汽焓	h_8	kJ/kg	校验结论	3 137.9	不修正
4	♯7 抽汽焓	h_7	kJ/kg	校验结论	3 040.2	不修正
5	♯8 壳侧压力	p_{n8}	MPa	校验结论	3.45	不修正
6	♯7 壳侧压力	p_{n7}	MPa	校验结论	2.25	不修正

高压缸抽汽参数校验与修正详细计算过程见附表 1-5。

(2) 中压缸抽汽参数的校验与修正结果(表 1-6)

表 1-6 中压缸抽汽参数校验与修正结果

序号	名称	符号	单位	公式	数值	校验结论
1	♯6 抽汽压力	p_6	MPa	校验结论	1.21	不修正
2	♯5 抽汽压力	p_5	MPa	校验结论	0.829	不修正
3	♯4 抽汽压力	p_4	MPa	校验结论	0.543	不修正
4	♯6 抽汽焓	h_6	kJ/kg	校验结论	3 382.1	不修正
5	♯5 抽汽焓	h_5	kJ/kg	校验结论	3 275.3	不修正
6	♯4 抽汽焓	h_4	kJ/kg	校验结论	3 164.5	不修正
7	♯6 壳侧压力	p_{n6}	MPa	校验结论	1.11	不修正
8	♯5 壳侧压力	p_{n5}	MPa	校验结论	0.588	不修正
9	♯4 壳侧压力	p_{n4}	MPa	校验结论	0.5	不修正

中压缸抽汽参数校验与修正详细计算过程见附表 1-6。

(3) 低压缸抽汽参数的校验与修正结果(表 1-7)

表 1-7　低压缸抽汽参数校验与修正结果

序号	名称	符号	单位	公式	数值	校验结论
1	#3 抽汽压力	p_3	MPa	校验结论	0.245	不修正
2	#2 抽汽压力	p_2	MPa	校验结论	0.146	不修正
3	#1 抽汽压力	p_1	MPa	校验结论	0.045 1	不修正
4	#3 抽汽焓	h_3	kJ/kg	校验结论	2 979.5	不修正
5	#2 抽汽焓	h_2	kJ/kg	校验结论	2 888.4	不修正
6	#1 抽汽焓	h_1	kJ/kg	校验结论	2 691.4	不修正
7	#3 壳侧压力	p_{n3}	MPa	校验结论	0.225	不修正
8	#2 壳侧压力	p_{n2}	MPa	校验结论	0.134	不修正
9	#1 壳侧压力	p_{n1}	MPa	校验结论	0.041 5	不修正

低压缸抽汽参数校验与修正详细计算过程见附表 1-7。

1.3.4　加热器参数的校验与修正

(1) 加热器出水焓的校验与修正结果(简化方法)(表 1-8)

表 1-8　加热器出水焓校验与修正结果

序号	名称	符号	单位	公式	数值	校验结论
1	#8 出水焓	h_{w8}	kJ/kg	校验结果	1 042	修正
2	#7 出水焓	h_{w7}	kJ/kg	校验结果	932.1	不修正
3	#6 出水焓	h_{w6}	kJ/kg	校验结果	786	修正
4	#5 出水焓	h_{w5}	kJ/kg	校验结果	667	不修正
5	#4 出水焓	h_{w4}	kJ/kg	校验结果	633	修正
6	#3 出水焓	h_{w3}	kJ/kg	校验结果	506	不修正
7	#2 出水焓	h_{w2}	kJ/kg	校验结果	437.9	不修正
8	#1 出水焓	h_{w1}	kJ/kg	校验结果	305.8	不修正

加热器出水焓校验与修正详细计算过程见附表 1-8。

(2) 加热器疏水焓的校验与修正结果(简化方法)(表 1-9)

表 1-9　加热器疏水焓校验与修正结果

序号	名称	符号	单位	公式	数值	校验结论
1	#8 疏水焓	h_{d8}	kJ/kg	校验结果	1 035	修正
2	#7 疏水焓	h_{d7}	kJ/kg	校验结果	890.6	不修正

（续表）

序号	名称	符号	单位	公式	数值	校验结论
3	#6疏水焓	h_{d6}	kJ/kg	校验结果	782.9	修正
4	#5疏水焓	h_{d5}	kJ/kg	校验结果	667	不修正
5	#4疏水焓	h_{d4}	kJ/kg	校验结果	640	修正
6	#3疏水焓	h_{d3}	kJ/kg	校验结果	520.7	修正
7	#2疏水焓	h_{d2}	kJ/kg	校验结果	452.9	修正
8	#1疏水焓	h_{d1}	kJ/kg	校验结果	321.4	修正

加热器疏水焓校验与修正详细计算过程见附表1-9。

1.3.5 本章小结

热力系统参数校验是一项系统工程，需要兼顾各类设备参数校验的个性和共性需求。

(1) 初终再热参数校验与修正中，高压缸和中压缸进口参数往往无需校验，因为这些参数对经济性影响较大，关注度较高。而低压缸进口参数往往不完整，需要补充。

(2) 抽汽参数的校验与修正中，抽汽压力与抽汽焓基本可信，但壳侧压力出错或者缺失的可能性较大，往往需要借助给定的抽汽压损率予以确定。

(3) 加热器出水焓和疏水焓，出现错误的可能性比较大。借助出水端差，可以有效地校验与修正出水焓；对于有DC的表面式加热器，借助疏水端差，可以有效地校验与修正疏水焓，而对于无DC的表面式加热器，可以根据疏水焓与壳侧压力下饱和水焓的相对偏差校验与修正疏水焓。

(4) 参数校验时，既要注意参数校验的顺序性，也要注意参数调整的相关性。例如：抽汽压力与级组压比和级组效率具有相关性；壳侧压力则与出水参数和疏水参数有直接或间接的关联关系。这时，参数的调整就需要统筹兼顾。

第 2 章　基准系统热力计算

2.1　简捷热平衡计算方法

2.1.1　基准系统及其汽水工质参数

(1) 基准系统

为了建立热力系统经济性对比的基础，本书定义的基准系统为无任何辅助成分的理想热力系统。

该热力系统最大限度地保持了原热力系统的结构特点，如汽轮机分缸结构、再热器位置、除氧器位置，以及实现回热效果完善化的各类措施(如使用蒸汽冷却器、疏水冷却器和疏水泵等)均得以保持。

(2) 基准系统的结构与特点

N 200 MN 机组基准系统的原则性热力系统如图 2-1 所示。

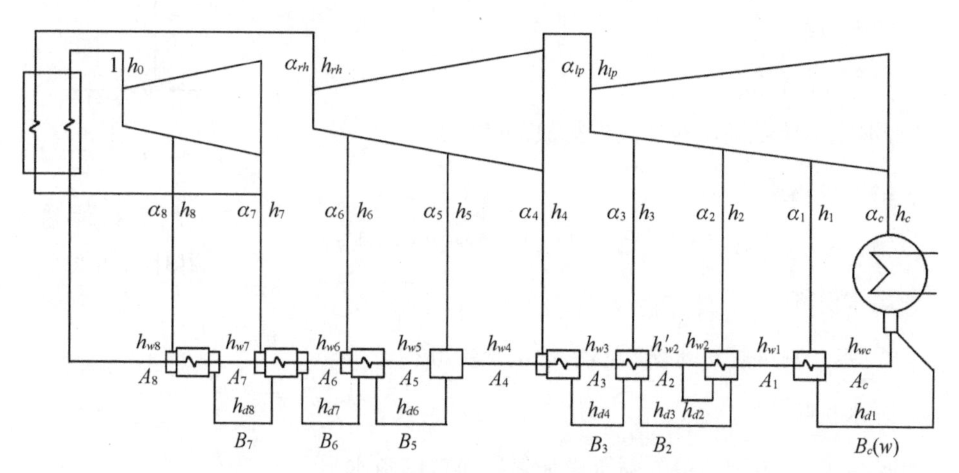

图 2-1　基准系统的原则性热力系统

(3) 基准系统汽水工质参数(表 2-1、表 2-2)

表 2-1 基准系统初终再热参数表

序号	名称	高压缸	中压缸	低压缸	凝汽器
1	蒸汽温度/℃	535	535	348.6	33.597 7
2	蒸汽压力/MPa	12.7	2.16	0.538	0.005 2
3	蒸汽焓/(kJ/kg)	3 433.5	3 543	3 164.5	2 438.1
4	缸效率	0.839 096	0.864 507	0.861 611	140.7(凝结水焓,kJ/kg)

表 2-2 基准系统抽汽及加热器参数表

序号	名称	#8 SC/F/DC	#7 高排 SC/F/DC	#6 SC/F	#5 C	#4 中排 SC/F	#3 F	#2 F(P)	#1 F(W)
1	抽汽压力/MPa	3.75	2.46	1.21	0.829	0.543	0.245	0.146	0.045 1
2	壳侧压力/MPa	3.45	2.25	1.11	0.588	0.5	0.225	0.134	0.041 5
3	抽汽焓/(kJ/kg)	3 137.9	3 040.2	3 382.1	3 275.3	3 164.5	2 979.5	2 888.4	2 691.4
4	出水焓/(kJ/kg)	1 042	932.1	786	667	633	506	439.8	305.8
5	疏水焓/(kJ/kg)	1 035	890.6	782.9	667	640	520.7	452.9	321.4

2.1.2 加热器热平衡

(1) #8 加热器热平衡

#8 加热器的原则性热力系统如图 2-2 所示。

抽汽放热量:

$$q_8 = h_8 - h_{d8} = 3\,137.9 - 1\,035 = 2\,102.9 \text{ (kJ/kg)}$$

疏水放热量:

$$\gamma_8 = 0 \text{ (kJ/kg)}$$

(本级不接受高压级加热器排放的疏水)

给水吸热量:

$$\tau_8 = h_{w8} - h_{w7} = 1\,042 - 932.1 = 109.9 \text{ (kJ/kg)}$$

出水份额:

$A_8 = 1$ (锅炉进水份额与锅炉出水份额相等)

疏水份额:

$B_8 = 0$ (本级不接受高压级加热器排放的疏水)

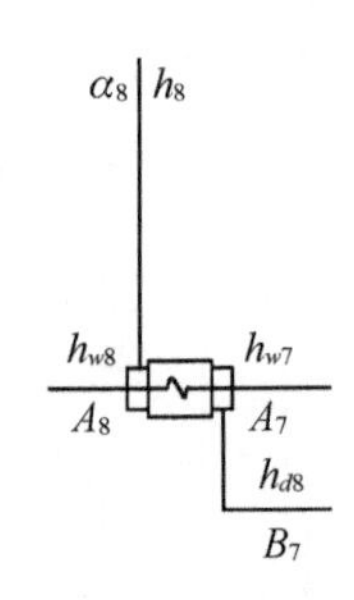

图 2-2 #8 加热器的原则性热力系统

抽汽份额：

$$\alpha_8 = \frac{(A_8 \cdot \tau_8 - B_8 \cdot \gamma_8)}{q_8} = 0.052\ 261\ 163$$

(2) ＃7 加热器热平衡

＃7 加热器的原则性热力系统如图 2-3 所示。

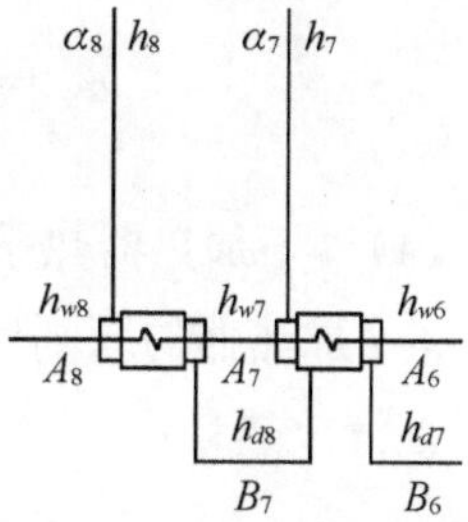

抽汽放热量：

$q_7 = h_7 - h_{d7} = 3\ 040.2 - 890.6 = 2\ 149.6$ (kJ/kg)

疏水放热量：

$\gamma_7 = h_{d8} - h_{d7} = 1\ 035 - 890.6 = 144.4$ (kJ/kg)

给水吸热量：

$\tau_7 = h_{w7} - h_{w6} = 932.1 - 786 = 146.1$ (kJ/kg)

图 2-3　＃7 加热器的原则性热力系统

出水份额：

$A_7 = A_8 = 1$　（＃8 加热器管侧流量平衡）

疏水份额：

$B_7 = \alpha_8 = 0.052\ 261\ 163$　（＃8 加热器壳侧流量平衡）

抽汽份额：

$$\alpha_7 = \frac{(A_7 \cdot \tau_7 - B_7 \cdot \gamma_7)}{q_7} = 0.064\ 455\ 475$$

(3) ＃6 加热器热平衡

＃6 加热器的原则性热力系统如图 2-4 所示。

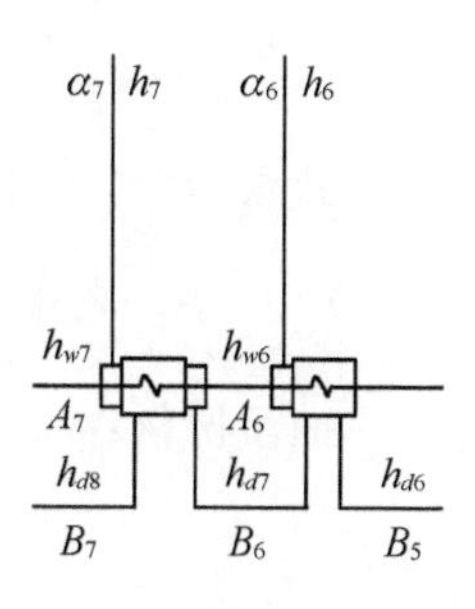

图 2-4　＃6 加热器的原则性热力系统

抽汽放热量：

$q_6 = h_6 - h_{d6} = 3\ 382.1 - 782.9 = 2\ 599.2$ (kJ/kg)

疏水放热量：

$\gamma_6 = h_{d7} - h_{d6} = 890.6 - 782.9 = 107.7$ (kJ/kg)

给水吸热量：

$\tau_6 = h_{w6} - h_{w5} = 786 - 667 = 119$ (kJ/kg)

出水份额：

$$A_6 = A_7 = 1 \quad （\#7\ 加热器管侧流量平衡）$$

疏水份额：

$$B_6 = B_7 + \alpha_7 = 0.116\ 716\ 638 \quad （\#7\ 加热器壳侧流量平衡）$$

抽汽份额：

$$\alpha_6 = \frac{(A_6 \cdot \tau_6 - B_6 \cdot \gamma_6)}{q_6} = 0.040\ 947\ 068$$

(4) ♯5 加热器热平衡

♯5 加热器的原则性热力系统如图 2-5 所示。

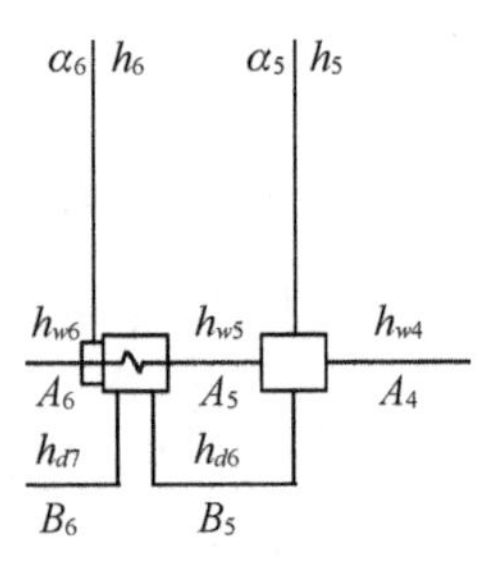

图 2-5 ♯5 加热器的原则性热力系统

抽汽放热量：

$$q_5 = h_5 - h_{w4} = 3\ 275.3 - 633 = 2\ 642.3\ (\text{kJ/kg}) \quad （混合式加热器过放热定义）$$

疏水放热量：

$$\gamma_5 = h_{d6} - h_{w4} = 782.9 - 633 = 149.9\ (\text{kJ/kg}) \quad （混合式加热器过放热定义）$$

给水吸热量：

$$\tau_5 = h_{w5} - h_{w4} = 667 - 633 = 34\ (\text{kJ/kg})$$

出水份额：

$$A_5 = A_6 = 1 \quad （\#6\ 加热器管侧流量平衡）$$

疏水份额：

$$B_5 = B_6 + \alpha_6 = 0.157\ 663\ 705 \quad （\#6\ 加热器壳侧流量平衡）$$

抽汽份额：

$$\alpha_5 = \frac{(A_5 \cdot \tau_5 - B_5 \cdot \gamma_5)}{q_5} = 0.003\ 923\ 177$$

(5) ♯4 加热器热平衡

♯4 加热器的原则性热力系统如图 2-6 所示。

抽汽放热量：

$q_4 = h_4 - h_{d4} = 3\,164.5 - 640 = 2\,524.5$ (kJ/kg)

疏水放热量：

$\gamma_4 = 0$ (kJ/kg)　（本级不接受高压级疏水）

给水吸热量：

$\tau_4 = h_{w4} - h_{w3} = 633 - 506 = 127$ (kJ/kg)

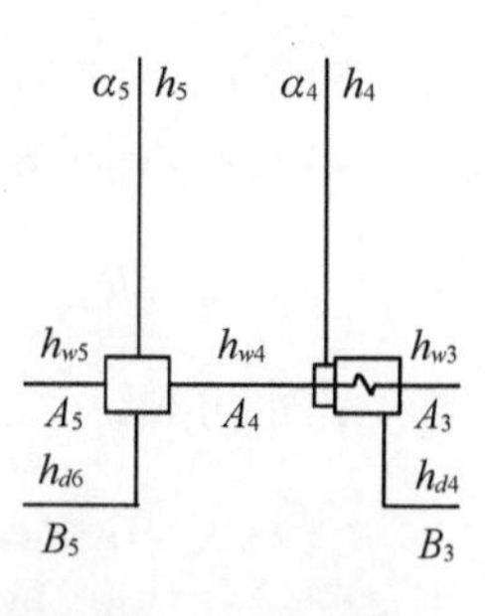

图 2-6　#4 加热器的原则性热力系统

出水份额：

$$A_4 = A_5 - B_5 - \alpha_5 = 0.838\,413\,118$$　（#5 加热器流量平衡）

疏水份额：

$$B_4 = 0$$　（本级不接受高压级疏水）

抽汽份额：

$$\alpha_4 = \frac{(A_4 \cdot \tau_4 - B_4 \cdot \gamma_4)}{q_4} = 0.042\,178\,042$$

(6) #3、#2 加热器热平衡

#3、#2 加热器的原则性热力系统如图 2-7 所示。

A. 基本原理

由于 h'_{w2} 与相邻的#3 和#2 加热器热平衡有关，影响两者给水吸热量的准确计算，所以，需要联立#3、#2 以及混合点的热平衡方程，迭代求解 α_3、α_2 和 h'_{w2}。

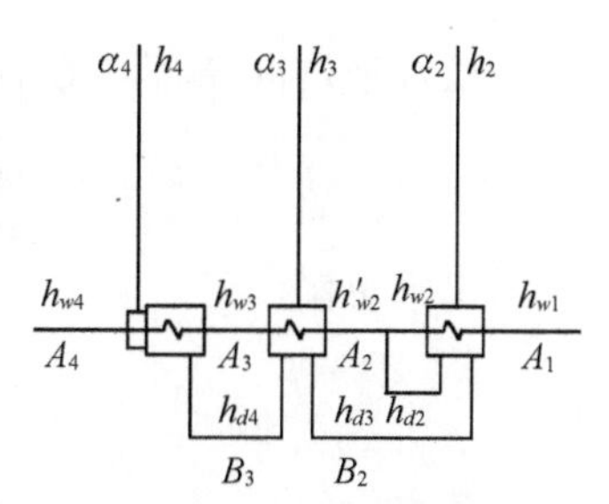

图 2-7　#3、#2 加热器的原则性热力系统

B. 迭代计算

① 混合点后焓值预报：

$k = 0$，$h^k_{w2} = h_{w2} = 439.8$ (kJ/kg)

② #3 加热器热平衡

抽汽放热量：

$$q_3 = h_3 - h_{d3} = 2\,979.5 - 520.7 = 2\,458.8 \text{ (kJ/kg)}$$

疏水放热量：

$$\gamma_3 = h_{d4} - h_{d3} = 640 - 520.7 = 119.3\ (\mathrm{kJ/kg})$$

给水吸热量(最后一次迭代计算)：

$$\tau_3 = h_{w3} - h_{w2}^{k} = 506 - 441.498\,719\,7 = 64.501\,280\,3\ (\mathrm{kJ/kg})$$

出水份额：

$$A_3 = A_4 = 0.838\,413\,118 \quad (\#4\ 加热器管侧流量平衡)$$

疏水份额：

$$B_3 = B_4 + \alpha_4 = 0.042\,178\,042 \quad (\#4\ 加热器壳侧流量平衡)$$

抽汽份额：

$$\alpha_3 = \frac{(A_3 \cdot \tau_3 - B_3 \cdot \gamma_3)}{q_3} = 0.019\,947\,486$$

③ #2 加热器热平衡

抽汽放热量：

$$q_2 = h_2 - h_{w1} = 2\,888.4 - 305.8 = 2\,582.6\ (\mathrm{kJ/kg})$$

疏水放热量：

$$\gamma_2 = h_{d3} - h_{w1} = 520.7 - 305.8 = 214.9\ (\mathrm{kJ/kg})$$

给水吸热量(最后一次迭代计算)：

$$\tau_2 = h_{w2}^{k} - h_{w1} = 441.498\,719\,7 - 305.8 = 135.698\,719\,7\ (\mathrm{kJ/kg})$$

出水份额：

$$A_2 = A_3 = 0.838\,413\,118 \quad (\#3\ 加热器管侧流量平衡)$$

疏水份额：

$$B_2 = B_3 + \alpha_3 = 0.062\,125\,528 \quad (\#3\ 加热器壳侧流量平衡)$$

抽汽份额：

$$\alpha_2 = \frac{(A_2 \cdot \tau_2 - B_2 \cdot \gamma_2)}{q_2} = 0.038\,883\,61$$

④ 混合点热平衡

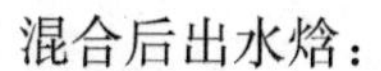

混合后出水焓：

$$k=k+1(k\text{ 为迭代次数}),\ h_{w2}^{k}=439.8+\frac{(B_2+\alpha_2)}{A_2}\cdot(h_{d2}-439.8)$$

如果混合后出水焓的迭代结果不同，将新的计算值代入②

本文迭代结果：

$$h_{w2}^{k}=441.498\,719\,7\ (\mathrm{kJ/kg})$$

(7) ♯1 加热器热平衡

♯1 加热器的原则性热力系统如图 2-8 所示。

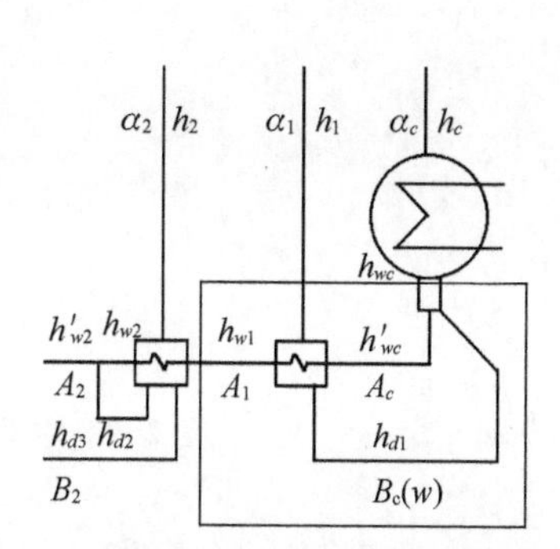

图 2-8　♯1 加热器的原则性热力系统

(方框内为热平衡等效混合式加热器)

抽汽放热量：

$q_1=h_1-h_{wc}=2\,691.4-140.7=2\,550.7$ (kJ/kg)(混合式加热器过放热定义)

疏水放热量：

$\gamma_1=0$ (kJ/kg)　（本级不接受高压级疏水）

给水吸热量：

$$\tau_1=h_{w1}-h_{wc}=305.8-140.7=165.1\ (\mathrm{kJ/kg})$$

出水份额：

$$A_1=A_2-B_2-\alpha_2=0.737\,403\,98\quad(\sharp 2\text{ 加热器流量平衡})$$

疏水份额：

$$B_1=0\quad(\text{本级不接受高压级疏水})$$

抽汽份额：

$$\alpha_1=\frac{(A_1\cdot\tau_1-B_1\cdot\gamma_1)}{q_1}=0.047\,730\,191$$

2.1.3　热力系统热平衡

(1) 循环吸热量 q_0

简捷热平衡计算是以汽轮机单位进汽为基础的，因此，循环吸热量是指汽轮机单位进汽在锅炉内吸收的热量。

中间再热式机组过热器与再热器热力系统如图 2-9 所示。

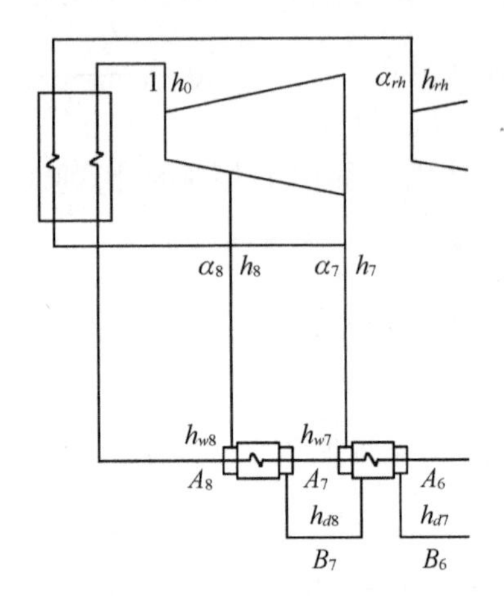

图 2-9　中间再热式机组过热器与再热器热力系统图

循环吸热量包括锅炉过热器内吸热和再热器内吸热两部分。

根据图 2-1 所示的基准系统热力系统，有：

$$q_0 = h_0 - h_{w8} + \alpha_{rh} \cdot (h_{rh} - h_7) = h_0 - h_{w8} + (1 - \alpha_8 - \alpha_7) \cdot (h_{rh} - h_7)$$

$$= 3\,433.5 - 1\,042 + (1 - 0.052\,261\,163 - 0.064\,455\,475) \times (3\,543 - 3\,040.2)$$

$$= 2\,835.614\,874\ (\mathrm{kJ/kg})$$

(2) 循环放热量 q_c

循环放热量是指汽轮机单位进汽对应的排汽份额在凝汽器内释放给环境的热量。

循环放热量主要包括两部分：一是汽轮机排汽在凝汽器内放热；二是末级加热器疏水在凝汽器内放热。

汽轮机凝汽器的原则性热力系统如图 2-10 所示。

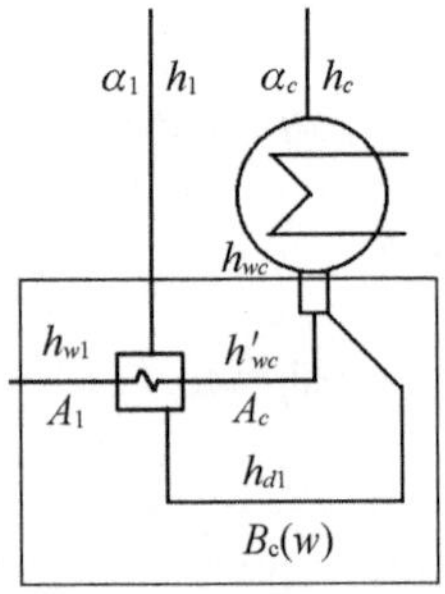

图 2-10　汽轮机凝汽器的原则性热力系统图

根据图 2-10，末级加热器在热平衡意义上等效于混合式加热器，末级加热器疏水未在凝汽器内放热。

$$q_c = \alpha_c \cdot (h_c - h_{wc}) = \left(1 - \sum_{j=1}^{8} \alpha_j\right) \cdot (h_c - h_{wc})$$

$$= 0.689\,673\,79 \times (2\,438.1 - 140.7)$$

$$= 1\,584.456\,565\ (\mathrm{kJ/kg})$$

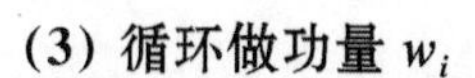

(3) 循环做功量 w_i

汽轮机做功量是指单位进汽在汽轮机内的做功量。常见有以下三种计算方法：

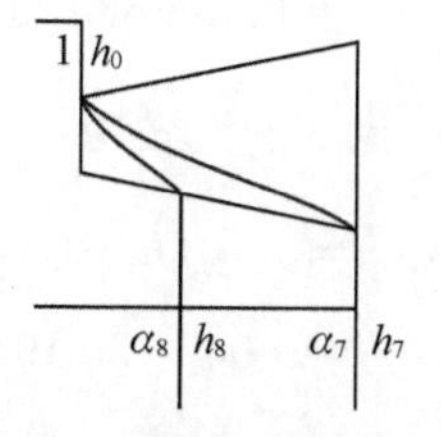

图 2-11　汽轮机高压缸回热抽汽做功示意图

A. 回热气流做功 w_{ir} 与凝汽流做功 w_{ic} 之和

以高压缸为例，汽轮机高压缸回热抽汽做功如图 2-11。

#8 抽汽做功：

$$
\begin{aligned}
w_{i8} &= \alpha_8 \cdot (h_0 - h_8) \\
&= 0.052\,261\,163 \times (3\,433.5 - 3\,137.9) \\
&= 15.448\,399\,78\ (\text{kJ/kg})
\end{aligned}
$$

#7 抽汽做功：

$$
\begin{aligned}
w_{i7} &= \alpha_7 \cdot (h_0 - h_7) = 0.064\,455\,475 \times (3\,433.5 - 3\,040.2) \\
&= 25.350\,338\,32\ (\text{kJ/kg})
\end{aligned}
$$

#6 抽汽做功：

$$
\begin{aligned}
w_{i6} &= \alpha_6 \cdot (h_0 - h_6 + \sigma) \\
&= 0.040\,947\,068 \times (3\,433.5 - 3\,382.1 + 502.8) = 22.692\,865\,09\ (\text{kJ/kg})
\end{aligned}
$$

式中，$\sigma = h_{rh} - h_7$。

#5 抽汽做功：

$$
\begin{aligned}
w_{i5} &= \alpha_5 \cdot (h_0 - h_5 + \sigma) \\
&= 0.003\,923\,177 \times (3\,433.5 - 3\,275.3 + 502.8) = 2.593\,219\,997\ (\text{kJ/kg})
\end{aligned}
$$

#4 抽汽做功：

$$
\begin{aligned}
w_{i4} &= \alpha_4 \cdot (h_0 - h_4 + \sigma) \\
&= 0.042\,178\,042 \times (3\,433.5 - 3\,164.5 + 502.8) = 32.553\,012\,82\ (\text{kJ/kg})
\end{aligned}
$$

#3 抽汽做功：

$$
\begin{aligned}
w_{i3} &= \alpha_3 \cdot (h_0 - h_3 + \sigma) \\
&= 0.019\,947\,486 \times (3\,433.5 - 2\,979.5 + 502.8) = 19.085\,754\,6\ (\text{kJ/kg})
\end{aligned}
$$

#2 抽汽做功：

$$w_{i2}=\alpha_2 \cdot (h_0-h_2+\sigma)$$
$$=0.038\,883\,61\times(3\,433.5-2\,888.4+502.8)=40.746\,134\,92\ (\text{kJ/kg})$$

＃1 抽汽做功：

$$w_{i1}=\alpha_1 \cdot (h_0-h_1+\sigma)$$
$$=0.047\,730\,191\times(3\,433.5-2\,691.4+502.8)=59.419\,314\,78\ (\text{kJ/kg})$$

回热流做功：

$$w_{ir}=\sum_{j=1}^{8} w_{ij}=217.889\,040\,3\ (\text{kJ/kg})$$

凝汽流做功：

$$w_{ic}=\alpha_c \cdot (h_0-h_c+\sigma)$$
$$=0.689\,673\,79\times(3\,433.5-2\,438.1+502.8)=1\,033.269\,272\ (\text{kJ/kg})$$

回热做功比：

$$X_r=\frac{w_{ir}}{w_i}=217.889\,040\,3/1\,251.158\,312=0.174\,149\,856$$

循环做功量：

$$w_i=w_{ir}+w_{ic}=217.889\,040\,3+1\,033.269\,272=1\,251.158\,311\ (\text{kJ/kg})$$

B. 纯凝做功 H_{ic} 与回热汽流做功不足 w'_{ir} 之差

以低压缸为例，汽轮机低压缸回热抽汽做功不足如图 2-12 所示。

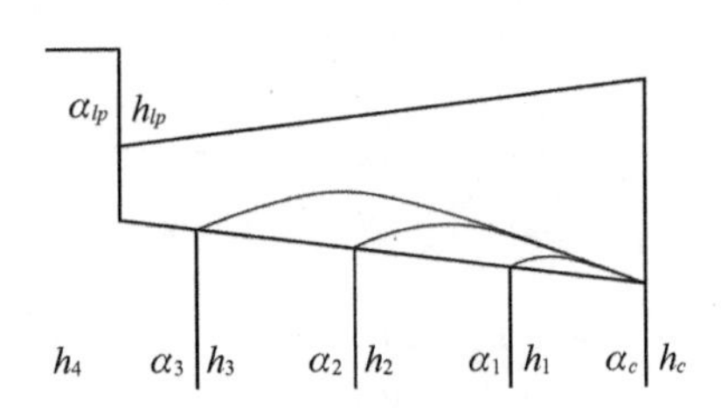

图 2-12 汽轮机低压缸回热抽汽做功不足示意图

纯凝做功：

$$H_{ic}=h_0-h_c+\sigma$$
$$=3\,433.5-2\,438.1+502.8$$
$$=1\,498.2\ (\text{kJ/kg})$$

＃8 做功不足：

$$w'_{i8}=\alpha_8 \cdot (h_8-h_c+\sigma)$$
$$=0.052\,261\,163\times(3\,137.9-2\,438.1+502.8)=62.849\,274\,62\ (\text{kJ/kg})$$

＃7 做功不足：

$$w'_{i7}=\alpha_7 \cdot (h_7-h_c+\sigma)=0.064\,455\,475\times(3\,040.2-2\,438.1+502.8)$$
$$=71.216\,854\,33\ (\mathrm{kJ/kg})$$

＃6 做功不足：

$$w'_{i6}=\alpha_6 \cdot (h_6-h_c)=0.040\,947\,068\times(3\,382.1-2\,438.1)$$
$$=38.654\,032\,19\ (\mathrm{kJ/kg})$$

＃5 做功不足：

$$w'_{i5}=\alpha_5 \cdot (h_5-h_c)=0.003\,923\,177\times(3\,275.3-2\,438.1)$$
$$=3.284\,483\,784\ (\mathrm{kJ/kg})$$

＃4 做功不足：

$$w'_{i4}=\alpha_4 \cdot (h_4-h_c)=0.042\,178\,042\times(3\,164.5-2\,438.1)$$
$$=30.638\,129\,71\ (\mathrm{kJ/kg})$$

＃3 做功不足：

$$w'_{i3}=\alpha_3 \cdot (h_3-h_c)=0.019\,947\,486\times(2\,979.5-2\,438.1)$$
$$=10.799\,568\,92\ (\mathrm{kJ/kg})$$

＃2 做功不足：

$$w'_{i2}=\alpha_2 \cdot (h_2-h_c)=0.038\,883\,61\times(2\,888.4-2\,438.1)$$
$$=17.509\,289\,58\ (\mathrm{kJ/kg})$$

＃1 做功不足：

$$w'_{i1}=\alpha_1 \cdot (h_1-h_c)=0.047\,730\,191\times(2\,691.4-2\,438.1)$$
$$=12.090\,057\,38\ (\mathrm{kJ/kg})$$

循环做功量：

$$w_i=H_{ic}-\sum_{j=1}^{8} w'_{ij}=1\,251.158\,311\ (\mathrm{kJ/kg})$$

C. 汽轮机级组做功 w_{ij}^{P} 之和

汽轮机机组做功如图 2-13 所示。

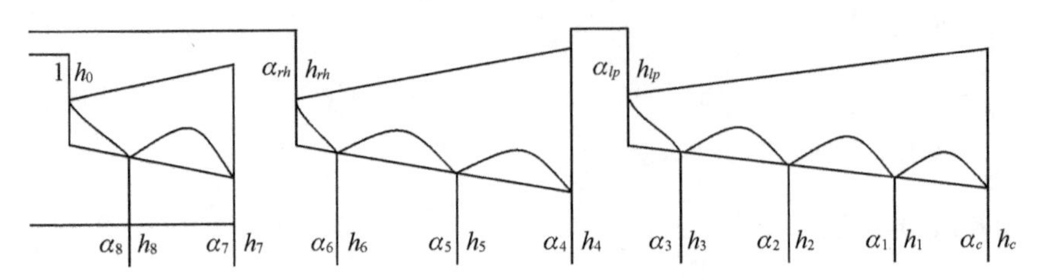

图 2-13　汽轮机机组做功示意图

＃8 级组做功：

$$w_{i8}^{P}=h_0-h_8=3\,433.5-3\,137.9=295.6\ (\mathrm{kJ/kg})$$

＃7 级组做功：

$$\begin{aligned}w_{i7}^{P}&=(1-\alpha_8)\cdot(h_8-h_7)\\&=0.947\,738\,837\times(3\,137.9-3\,040.2)=92.594\,084\,37\ (\mathrm{kJ/kg})\end{aligned}$$

＃6 级组做功：

$$\begin{aligned}w_{i6}^{P}&=\alpha_{rh}\cdot(h_r-h_7)\\&=0.883\,283\,362\times(3\,543-3\,382.1)=142.120\,292\,9\ (\mathrm{kJ/kg})\end{aligned}$$

＃5 级组做功：

$$\begin{aligned}w_{i5}^{P}&=(\alpha_{rh}-\alpha_6)\cdot(h_6-h_5)\\&=0.842\,336\,295\times(3\,382.1-3\,275.3)=89.961\,516\,31\ (\mathrm{kJ/kg})\end{aligned}$$

＃4 级组做功：

$$\begin{aligned}w_{i4}^{P}&=(\alpha_{rh}-\alpha_6-\alpha_5)\cdot(h_5-h_4)\\&=0.838\,413\,118\times(3\,275.3-3\,164.5)=92.896\,173\,47\ (\mathrm{kJ/kg})\end{aligned}$$

＃3 级组做功：

$$\begin{aligned}w_{i3}^{P}&=\alpha_{lp}\cdot(h_4-h_3)\\&=0.796\,235\,076\times(3\,164.5-2\,979.5)=147.303\,489\,1\ (\mathrm{kJ/kg})\end{aligned}$$

＃2 级组做功：

$$\begin{aligned}w_{i2}^{P}&=(\alpha_{lp}-\alpha_3)\cdot(h_3-h_2)\\&=0.776\,287\,59\times(2\,979.5-2\,888.4)=70.719\,799\,45\ (\mathrm{kJ/kg})\end{aligned}$$

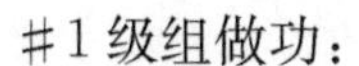

#1 级组做功：

$$w_{i1}^{P}=(\alpha_{lp}-\alpha_3-\alpha_2)\cdot(h_2-h_1)$$
$$=0.737\,403\,98\times(2\,888.4-2\,691.4)=145.268\,584\,1\ (\text{kJ/kg})$$

末级组做功：

$$w_{ic}^{P}=\alpha_c\cdot(h_1-h_c)$$
$$=0.689\,673\,79\times(2\,691.4-2\,438.1)=174.694\,371\ (\text{kJ/kg})$$

循环做功量：

$$w_i=\sum_{j=1}^{8}w_{ij}^{P}+w_{ic}^{P}=1\,251.158\,311\ (\text{kJ/kg})$$

(4) 热力系统热平衡结果的校验

A. 流量平衡校验

根据图 2-1：

$$\alpha_c=1-\sum_{j=1}^{8}\alpha_j$$

$$\alpha_c=A_1-\alpha_1$$

流量平衡校验：两者计算结果相同。

B. 循环做功量校验

根据图 2-1、图 2-2、图 2-3：

$$w_i=\sum_{j=1}^{8}w_{ij}+\alpha_c\cdot(h_0-h_c+\sigma)$$

$$w_i=H_{ic}-\sum_{j=1}^{8}w'_{ij}$$

$$w_i=\sum_{j=1}^{8}w_{ij}^{P}+\alpha_c\cdot(h_1-h_c)$$

功率平衡校验：上述三种独立的计算结果相同。

C. 能量平衡校验

$$q_0-q_c-w_i=0$$

能量平衡校验：汽轮机吸热量、汽轮机放热量和汽轮机做功量之间应满足上述条件。

2.1.4 热经济指标

(1) 汽轮机指标

汽轮机内效率：

$$\eta_i = \frac{w_i}{q_0} = 1 - \frac{q_c}{q_0} = 1\,251.158\,311/2\,835.614\,874 = 0.441\,229\,986$$

(2) 汽轮发电机组指标

汽轮发电机组电效率：

$$\eta_e = \eta_i \cdot \eta_m \cdot \eta_g = 0.441\,229\,986 \times 0.98 \times 0.98 = 0.423\,757\,279$$

汽轮发电机组热耗率：

$$HR_t = 3\,600/\eta_e = 3\,600/0.423\,757\,279 = 8\,495.429\,29\ (\mathrm{kJ/(k \cdot Wh)})$$

汽轮发电机组汽耗率：

$$SR_t = HR_t/q_0 = 8\,495.429\,29/2\,835.614\,874 = 2.995\,974\,301\ (\mathrm{kg/(k \cdot Wh)})$$

(3) 单元机组发电指标

机组发电热效率：

$$\eta_{cp} = \eta_b \cdot \eta_p \cdot \eta_e = 0.92 \times 0.98 \times 0.423\,757\,279 = 0.382\,059\,563$$

机组发电热耗率：

$$HR_{cp} = 3\,600/\eta_{cp} = 3\,600/0.382\,059\,563 = 9\,422.614\,557\ (\mathrm{kJ/(k \cdot Wh)})$$

机组发电标煤耗：

$$b_{cp}^s = 0.123/\eta_{cp} = 0.123/0.382\,059\,563 = 0.321\,939\,331\ (\mathrm{kg/(k \cdot Wh)})$$

(4) 单元机组供电指标

机组供电热效率：

$$\eta'_{cp} = \eta_{cp} \cdot (1 - K_{cp}) = 0.382\,059\,563 \times (1 - 0.05) = 0.362\,956\,585$$

式中，K_{cp} 为厂用电率，本例中 $K_{cp} = 0.05$。

机组供电热耗率：

$$HR'_{cp}=3\,600/\eta'_{cp}=3\,600/0.362\,956\,585=9\,918.541\,635\ (\mathrm{kJ/(k\cdot Wh)})$$

机组供电标煤耗：

$$b^{s'}_{cp}=0.123/\eta'_{cp}=0.123/0.362\,956\,585=0.338\,883\,506\ (\mathrm{kg/(k\cdot Wh)})$$

2.1.5　热平衡计算汇总

基准系统热力系统热平衡计算汇总表、热经济指标分别见表 2-3、表 2-4。

表 2-3　热平衡计算汇总表

初终再热参数

序号	名称	新汽	再热	低进	名称	凝汽器	名称	凝汽器
1	蒸汽焓/(kJ/kg)	3 433.5	3 543	3 164.5	蒸汽焓/(kJ/kg)	2 438.1	排汽份额	0.689 675
2	吸热量/(kJ/kg)	2 391.5	502.8	0	水焓/(kJ/kg)	140.7	凝水份额	0.689 675

加热器热平衡

序号	符号	#8 SC/F/DC	#7 SC/F/DC	#6 SC/F	#5 C	#4 SC/F	#3 F	#2 F(P)	#1 F(W)
1	h_j/(kJ/kg)	3 137.9	3 040.2	3 382.1	3 275.3	3 164.5	2 979.5	2 888.4	2 691.4
2	h_{wj}/(kJ/kg)	1 042	932.1	786	667	633	506	441.378 2	305.8
3	h_{dj}/(kJ/kg)	1 035	890.6	782.9	667	640	520.7	452.9	321.4
4	q_j/(kJ/kg)	2 102.9	2 149.6	2 599.2	2 642.3	2 524.5	2 458.8	2 582.6	2 550.7
5	γ_j/(kJ/kg)	0	144.4	107.7	149.9	0	119.3	214.9	0
6	τ_j/(kJ/kg)	109.9	146.1	119	34	127	64.621 78	135.578 2	165.1
7	A_j	1	1	1	1	0.838 413	0.838 413	0.838 413	0.737 405
8	B_j	0	0.052 261	0.116 717	0.157 664	0	0.042 178	0.062 167	0
9	α_j	0.052 261	0.064 455	0.040 947	0.003 923	0.042 178	0.019 989	0.038 841	0.047 73
10	h'_{w2}/(kJ/kg)	$h'_{w2}=439.8+(B_2+\alpha_2)/A_2\times(h_{d2}-439.8)$						441.378 220 4	

做功量

序号	名称	#8	#7	#6	#5	#4	#3	#2	#1
1	w_{ij}/(kJ/kg)	15.448 4	25.350 34	22.692 86	2.593 22	32.553 01	19.125 07	40.701 56	59.419 43
2	w'_{ij}/(kJ/kg)	62.849 27	71.216 85	38.654 03	3.284 484	30.638 13	10.821 81	17.490 13	12.090 08
3	级组流量份额	1	0.947 739	0.883 283	0.842 336	0.838 413	0.796 235	0.776 247	0.737 405
4	级组做功/(kJ/kg)	295.6	92.594 08	142.120 3	89.961 52	92.896 17	147.303 5	70.716 06	145.268 9

热力系统热平衡

序号	名称	数值	回热流	凝气流	纯凝流	级组	末级组	附加 1	附加 2
1	q_0/(kJ/kg)	2 835.615							
2	q_c/(kJ/kg)	1 584.46							
3	w_{i1}/(kJ/kg)	1 251.155	217.883 9	1 033.271					
4	w_{i2}/(kJ/kg)	1 251.155	247.044 8		1 498.2				
5	w_{i3}/(kJ/kg)	1 251.155				1 076.46	174.694 7		
6	校验	0							
7	η_i	0.441 229							

由表 2-3 可见：①热平衡计算通过能量平衡校验（汽轮机吸热量与放热量和做功量的差值为零）和流量平衡校验（凝汽器进汽量与凝水量相等），计算模型正确；②汽轮机内效率为 44.12%；③汽轮机回热做功比（见本书 36 页中 X_r）约为 17.4%，回热效果较好；④疏水泵截流疏水使＃2 等效出水焓由混合点前的 439.8 kJ/kg提升为混合点后的441.4 kJ/kg。

表 2-4 热经济指标

序	名称	热效率	热耗率/(kJ/(k·Wh))	煤耗率 汽耗率/(kg/(k·Wh))	机械效率	电机效率	锅炉效率	管道效率	厂用电率
1	汽轮机	0.441 229	8 159.031						
2	汽轮发电机组	0.423 756	8 495.45	2.995 982	0.98	0.98			
3	单元机组发电	0.382 059	9 422.638	0.321 94			0.92	0.98	
4	单元机组供电	0.362 956	9 918.566	0.338 884					0.05

由表 2-4 可见，汽轮机热效率约为 44.12%，汽轮发电机组汽耗率约为 2.99 kg/(k·Wh)，单元机组发电标煤耗率约为 0.32 kg/(k·Wh)，单元机组供电标煤耗率约为 0.33 kg/(k·Wh)。

2.1.6 简捷热平衡小结

简捷热平衡计算是最经典的汽轮机热力系统分析的方法，具有概念清晰、易于理解、方法简捷和不易出错等优点。

简捷热平衡主要用于汽轮机运行指标计算和汽轮机性能分析与评价。

(1) 汽轮机运行指标计算

简捷热平衡可用于汽轮机运行经济指标的计算。

由于运行数据中包含电功率和部分流量的测量结果，因此，机组运行经济指标计算比性能分析与评价更简便。

汽轮机运行经济指标计算的主要步骤：

① 基于再热冷段高压加热器的抽汽份额（如＃8 和＃7）的计算值，确定再热汽流量；

② 基于给水流量的测量值，确定汽轮机吸热量（含再热器吸热量）；

③ 基于电功率的测量值，确定机组热耗率；

④ 基于汽轮机经济指标之间的相互关系，确定内效率、汽耗率等经济指标。

(2) 汽轮机性能分析与评价

汽轮机性能分析与评价主要包含热力系统节能改造方案设计与论证等分析与评价内容。由于在汽轮机性能分析和评价时，汽轮机热力系统内各汽水工质参数及电功率未知，需要基于汽轮机或相关设备的特性（如汽轮机变工况特性、凝汽器特性、加热器特性等）进行预测，并通过简捷热平衡计算，确定汽轮机吸热量、放热量和做功量，进而计算其热经济指标，为性能分析与评价提供定量依据。

汽轮机性能分析的主要步骤：

① 确定热力系统参数（基于汽轮机主辅设备特性的各种局部变化的预测结果）；

② 通过加热器的热平衡，计算各级抽汽份额；

③ 基于汽水流量分布（抽汽份额）计算汽轮机吸热量、机组做功量和汽轮机放热量；

④ 根据汽轮机内效率的定义，计算其正反平衡效率。

为了比较各种局部变化对汽轮机内效率的影响，需要设定比较基准。本书以无辅助成分（如给水泵、轴封漏汽等）的理想热力系统为基准，其内效率计算值是后续方案论证对比的基础。

(3) 基准系统简捷热平衡计算的特点

A. 加热器热平衡应当顺序计算

加热器出水份额 A_j、（接受的）疏水份额 B_j、抽汽份额 α_j 应当按照抽汽级顺序逐级计算。如在本算例中，依据 $j=8, 7, \cdots, 1$ 的顺序逐级计算。

B. 带疏水泵表面式加热器热平衡计算

在 Excel 计算表中，可以将混合点的热平衡关系式（将混合点前的出水焓使用常数替代）列在表外，并根据此值，人工修改表中混合点后焓，直至两者相等。

C. 关于流量与能量平衡校验

为确定热力计算结果的正确性，需要进行流量和能量平衡的校验。

① 流量平衡校验

汽轮机排汽份额与凝结水份额的等值校验。

② 功率平衡校验

汽轮机内功有多种（至少三种）独立的计算方法，需要至少两种独立计算结果的等值校验。

③ 能量平衡校验

循环吸热量、放热量和做功量应满足：

$$q_0 - q_c - w_i = 0$$

需要说明：上述平衡检验，只能说明在简捷热平衡计算中，q_j、γ_j、τ_j 以及 A_j、B_j 和 α_j 的计算结果的正确性。

但数据错误(如忽略 h'_{w2} 和 h_{w2} 的差异)则只影响汽轮机内效率，并不影响上述校验的结果。

2.2 等效焓降计算方法

2.2.1 基本概念

等效焓降与简捷热平衡都是基于热力学第一定律的分析方法。

等效焓降的特点之一在于该方法经过严格的推导，提出抽汽等效焓降和抽汽效率等新的概念及其计算通式，不仅可以定量计算该级抽汽在汽轮机内所具有的实际做功能力及其能量转换效率(与该级纯热量变化所对应的汽轮机做功增量)，更赋予其热力学第二定律的含义，拓展了上述新参量的应用内涵。

等效焓降的特点之二在于该方法将热力系统局部变化的常见情形归纳为四种典型的应用法则，可以针对上述四种热力系统的局部变化推导出做功增量和吸热增量的解析表达式，既方便了局部变化的定量分析，更有助于深入了解该局部变化对经济性影响的热力学本质，为有的放矢地挖掘热力系统的节能潜力提供了依据。

等效焓降的特点之三在于该方法计算结果与热平衡完全一致。

对于再热机组，本书采用变热量等效焓降方法。

本章将介绍再热机组变热量等效焓降计算通式，结合基准系统热力系统结构与参数，分别给出抽汽等效焓降、抽汽效率、抽汽吸热增量和热量转化系数以及新汽等效焓降的解析模型及其计算结果，既可以实现与简捷热平衡完全相同的整体计算，也为下一章等效焓降局部定量分析奠定基础。

2.2.2 再热机组变热量等效焓降算法模型

(1) 汽轮机抽汽的等效焓降与抽汽效率

再热热段(汽轮机中、低压缸内)抽汽等效焓降：

$$H_j = h_j - h_c - \sum_{r=1}^{j-1} \frac{A_r}{q_r} \cdot H_r$$

再热冷段(汽轮机高压缸内)抽汽等效焓降:

$$H_j = h_j - h_c + \sigma - \sum_{r=1}^{j-1} \frac{A_r}{q_r} \cdot H_r$$

式中,当 j 级加热器与 r 级加热器有疏水联系时,

$$A_r = \gamma_r$$

当 j 级加热器与 r 级加热器无疏水联系时,

$$A_r = \tau_r$$

单位工质在再热器内吸热量为:

$$\sigma = h_{rh} - h'_{rh}$$

有疏水联系相邻加热器抽汽等效焓降之间存在以下简化关系:

当 j 与 $j-1$ 均为再热热段或再热冷段时,

$$H_j = h_j - h_{j-1} + \left(1 - \frac{\gamma_{j-1}}{q_{j-1}}\right) \cdot H_{j-1}$$

当 j 为再热冷段,$j-1$ 为再热热段时,

$$H_j = h_j - h_{j-1} + \sigma + \left(1 - \frac{\gamma_{j-1}}{q_{j-1}}\right) \cdot H_{j-1}$$

混合式加热器之间存在以下简化关系:

当 j 与 m 均为再热热段时,

$$H_j = h_j - h_m + H_m - \sum_{r=m}^{j-1} \frac{\tau_r}{q_r} \cdot H_r$$

当 j 为再热冷段,而 m 为再热热段时,

$$H_j = h_j - h_m + H_m + \sigma - \sum_{r=m}^{j-1} \frac{\tau_r}{q_r} \cdot H_r$$

抽汽效率:

$$\eta_j = \frac{H_j}{q_j} \quad j = n,\ n-1,\ \cdots,\ 1(n\ 为加热器的级数)$$

(2) 加热器抽汽的再热吸热量与热量转换系数

再热热段抽汽吸热增量：

$$\Delta Q_j = 0$$

高排汽吸热增量：

$$\Delta Q_j = \sigma$$

高压缸抽汽吸热增量：

$$\Delta Q_j = \left(1 - \frac{\gamma_{j-1}}{q_{j-1}}\right) \cdot \sigma$$

抽汽热量转换系数：

$$\zeta_j = \frac{\Delta Q_j}{q_j}$$

(3) 新汽等效焓降与汽轮机内效率

新汽等效焓降：

$$H_0 = h_0 - h_c + \sigma - \sum_{j=1}^{8} \frac{\tau_j}{q_j} \cdot H_j$$

新汽等效焓降(简化关系)：

$$H_0 = h_0 - h_m + \sigma + H_m - \sum_{r=n}^{m} \frac{\tau_r}{q_r} \cdot H_r$$

汽轮机内效率：

$$\eta_i = \frac{H_0}{q_0}$$

2.2.3 再热机组变热量等效焓降应用法则

再热机组变热量等效焓降应用法则包括：纯热量进出加热器、汽工质带热量进出加热器汽侧、水工质带热量进出加热器出水侧和水工质带热量进出加热器疏水侧等。

(1) 变热量等效焓降中汽轮机内效率的相对变化率

为了更好地说明等效焓降的应用法则，有必要先讨论做功与吸热增量的变化

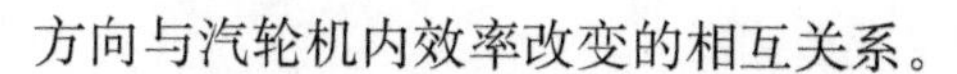
方向与汽轮机内效率改变的相互关系。

本书中做功增量和吸热增量均采用绝对值的表达方式，而其增减变化的方向则使用专门符号标示，共涉及四种变化情形。

A. 情形 1：做功增量为正、吸热增量为正

汽轮机做功增量为：$\Delta H \uparrow$

汽轮机吸热增量为：$\Delta Q \uparrow$

汽轮机内效率相对变化率为：$\delta\eta_i \uparrow = \dfrac{\Delta H - \Delta Q \cdot \eta_i}{H + \Delta H}$

B. 情形 2：做功增量为正、吸热增量为负

汽轮机做功增量为：$\Delta H \uparrow$

汽轮机吸热增量为：$\Delta Q \downarrow$

汽轮机内效率相对变化率为：$\delta\eta_i \uparrow = \dfrac{\Delta H + \Delta Q \cdot \eta_i}{H + \Delta H}$

C. 情形 3：做功增量为负、吸热增量为正

汽轮机做功增量为：$\Delta H \downarrow$

汽轮机吸热增量为：$\Delta Q \uparrow$

汽轮机内效率相对变化率为：$\delta\eta_i \downarrow = \dfrac{\Delta H + \Delta Q \cdot \eta_i}{H - \Delta H}$

D. 情形 4：做功增量为负、吸热增量为负

汽轮机做功增量为：$\Delta H \downarrow$

汽轮机吸热增量为：$\Delta Q \downarrow$

汽轮机内效率相对变化率为：$\delta\eta_i \downarrow = \dfrac{\Delta H - \Delta Q \cdot \eta_i}{H - \Delta H}$

(2) 应用法则 1——纯热量进出加热器(图 2-14)

A. 纯热量 q_f 进入 j 级加热器

汽轮机做功增量为：$\Delta H \uparrow = q_f \cdot \eta_j$

汽轮机吸热增量为：$\Delta Q \uparrow = q_f \cdot \zeta_j$

汽轮机效率相对变化为：$\delta\eta_i \uparrow = \dfrac{\Delta H - \Delta Q \cdot \eta_i}{H + \Delta H}$

B. 纯热量 q_f 离开 j 级加热器

汽轮机做功增量为：$\Delta H \downarrow = q_f \cdot \eta_j$

汽轮机吸热增量为：$\Delta Q \downarrow = q_f \cdot \zeta_j$

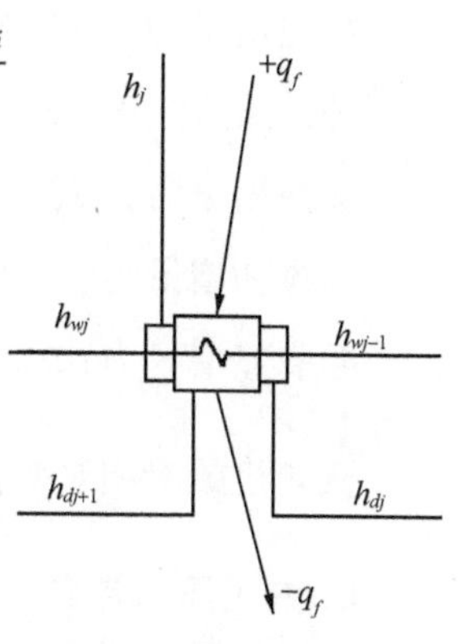

图 2-14　纯热量进出加热器

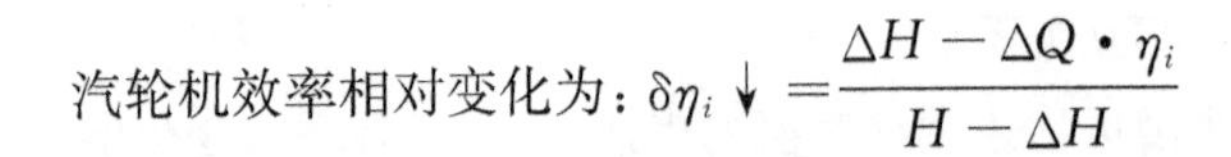

汽轮机效率相对变化为：$\delta\eta_i \downarrow = \dfrac{\Delta H - \Delta Q \cdot \eta_i}{H - \Delta H}$

(3) 应用法则2——汽工质带热量进出加热器汽侧(图2-15)

A. 汽工质带热量 $\alpha_f \cdot h_f$ 进入 j 级加热器(再热冷段)

将汽工质带热量 $\alpha_f \cdot h_f$ 分解为纯热量 $\alpha_f \cdot (h_f - h_j)$ 和纯工质 $\alpha_f \cdot h_j$。

纯热量作用于 j 级加热器，做功增量为：$\Delta H_1 \uparrow = \alpha_f \cdot (h_f - h_j) \cdot \eta_j$

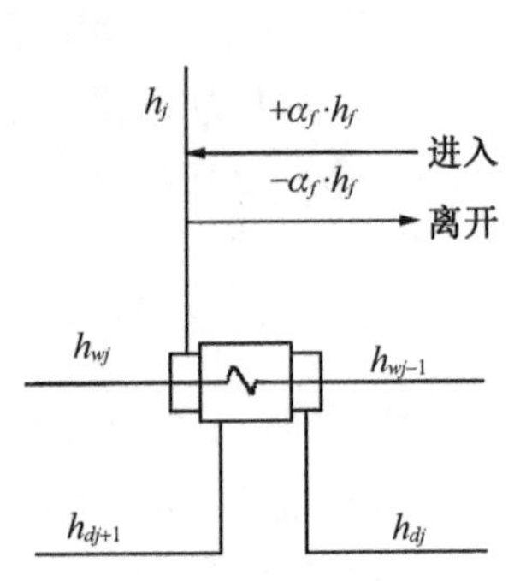

图2-15 汽工质带热量进出加热器汽侧

吸热增量为：$\Delta Q_1 \uparrow = \alpha_f \cdot (h_f - h_j) \cdot \zeta_j$

纯工质进入汽机(无低压级分流)，做功增量为：$\Delta H_2 \uparrow = \alpha_f \cdot (h_j - h_c + \sigma)$

吸热增量为：$\Delta Q_2 \uparrow = \alpha_f \cdot \sigma$

净做功增量为：$\Delta H \uparrow = \Delta H_1 + \Delta H_2 = \alpha_f \cdot [(h_f - h_j) \cdot \eta_j + (h_j - h_c + \sigma)]$

净吸热增量为：$\Delta Q \uparrow = \Delta Q_1 + \Delta Q_2 = \alpha_f \cdot [(h_f - h_j) \cdot \zeta_j + \sigma]$

汽轮机效率相对变化为：$\delta\eta_i \uparrow = \dfrac{\Delta H - \Delta Q \cdot \eta_i}{H + \Delta H}$

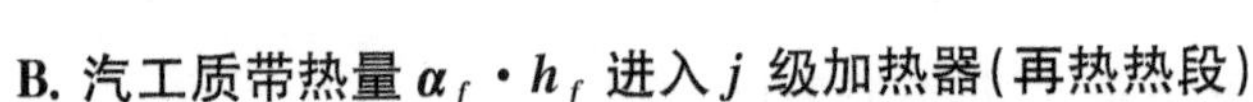

B. 汽工质带热量 $\alpha_f \cdot h_f$ 进入 j 级加热器(再热热段)

将汽工质带热量 $\alpha_f \cdot h_f$ 分解为纯热量 $\alpha_f \cdot (h_f - h_j)$ 和纯工质 $\alpha_f \cdot h_j$。

纯热量作用于 j 级加热器，做功增量为：$\Delta H_1 \uparrow = \alpha_f \cdot (h_f - h_j) \cdot \eta_j$

吸热增量为：$\Delta Q_1 \uparrow = 0$

纯工质进入汽机(无低压级分流)，做功增量为：$\Delta H_2 \uparrow = \alpha_f \cdot (h_j - h_c)$

吸热增量为：$\Delta Q_2 \uparrow = 0$

净做功增量为：$\Delta H \uparrow = \Delta H_1 + \Delta H_2 = \alpha_f \cdot [(h_f - h_j) \cdot \eta_j + (h_j - h_c)]$

净吸热增量为：$\Delta Q \uparrow = \Delta Q_1 + \Delta Q_2 = 0$

汽轮机效率相对变化为：$\delta\eta_i \uparrow = \dfrac{\Delta H - \Delta Q \cdot \eta_i}{H + \Delta H}$

C. 汽工质带热量 $\alpha_f \cdot h_f$ 离开 j 级加热器(再热冷段)

由于 $h_f = h_j$，纯热量为零，纯工质为 $\alpha_f \cdot h_j$。

纯工质离开汽机(无低压级分流)，做功增量为：$\Delta H_2 \downarrow = \alpha_f \cdot (h_j - h_c + \sigma)$

吸热增量为：$\Delta Q_2 \downarrow = \alpha_f \cdot \sigma$

净做功增量为：$\Delta H \downarrow = \Delta H_2 = \alpha_f \cdot (h_j - h_c + \sigma)$

净吸热增量为：$\Delta Q \downarrow = \Delta Q_2 = \alpha_f \cdot \sigma$

汽轮机效率相对变化为：$\delta\eta_i \downarrow = \dfrac{\Delta H - \Delta Q \cdot \eta_i}{H - \Delta H}$

D. 汽工质带热量 $\alpha_f \cdot h_f$ 离开 j 级加热器(再热热段)

由于 $h_f = h_j$，纯热量为零，纯工质为 $\alpha_f \cdot h_j$。

纯工质离开汽机(无低压级分流)，做功增量为：$\Delta H_2 \downarrow = \alpha_f \cdot (h_j - h_c)$

吸热增量为：$\Delta Q_2 \downarrow = 0$

净做功增量为：$\Delta H \downarrow = \Delta H_2 = \alpha_f \cdot (h_j - h_c)$

净吸热增量为：$\Delta Q \downarrow = \Delta Q_2 = 0$

汽轮机效率相对变化为：$\delta\eta_i \downarrow = \dfrac{\Delta H - \Delta Q \cdot \eta_i}{H - \Delta H}$

(4) 应用法则 3——水工质带热量进出加热器出水侧(图 2-16)

A. 水工质带热量 $\alpha_f \cdot h_f$ 进入 j 级加热器出水侧

将水工质带热量 $\alpha_f \cdot h_f$ 分解为纯热量 $\alpha_f \cdot (h_f - h_{wj})$ 和纯工质 $\alpha_f \cdot h_{wj}$。

纯热量作用于 $j+1$ 级加热器，做功增量为：$\Delta H_1 \uparrow = \alpha_f \cdot (h_f - h_{wj}) \cdot \eta_{j+1}$

吸热增量为：$\Delta Q_1 \uparrow = \alpha_f \cdot (h_f - h_{wj}) \cdot \zeta_{j+1}$

纯工质进入加热器出水侧，做功增量为：

$$\Delta H_2 \uparrow = \alpha_f \cdot \sum_{r=1}^{j} \tau_r \cdot \eta_r$$

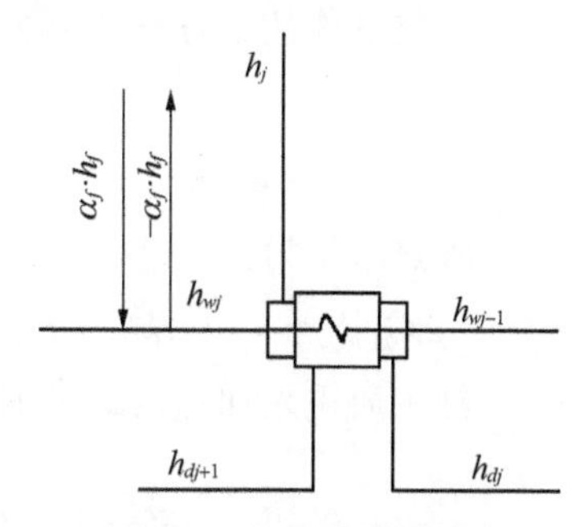

图 2-16　水工质带热量进出加热器出水侧

吸热增量为：$\Delta Q_2 \uparrow = \alpha_f \cdot \sum_{r=1}^{j} \tau_r \cdot \zeta_r$

净做功增量为：$\Delta H \uparrow = \Delta H_1 + \Delta H_2 = \alpha_f \cdot \left[(h_f - h_{wj}) \cdot \eta_{j+1} + \sum_{r=1}^{j} \tau_r \cdot \eta_r\right]$

净吸热增量为：$\Delta Q \uparrow = \Delta Q_1 + \Delta Q_2 = \alpha_f \cdot \left[(h_f - h_{wj}) \cdot \zeta_{j+1} + \sum_{r=1}^{j} \tau_r \cdot \zeta_r\right]$

汽轮机效率相对变化为：$\delta\eta_i \uparrow = \dfrac{\Delta H - \Delta Q \cdot \eta_i}{H + \Delta H}$

B. 水工质带热量 $\alpha_f \cdot h_f$ 离开 j 级加热器出水侧

由于 $h_f = h_j$，纯热量为零，纯工质为 $\alpha_f \cdot h_j$。

纯工质离开加热器出水侧，做功增量为：$\Delta H_2 \downarrow = \alpha_f \cdot \sum_{r=1}^{j} \tau_r \cdot \eta_r$

吸热增量为：$\Delta Q_2 \downarrow = \alpha_f \cdot \sum_{r=1}^{j} \tau_r \cdot \zeta_r$

净做功增量为：$\Delta H \downarrow = \Delta H_2 = \alpha_f \cdot \sum_{r=1}^{j} \tau_r \cdot \eta_r$

净吸热增量为：$\Delta Q \downarrow = \Delta Q_2 = \alpha_f \cdot \sum_{r=1}^{j} \tau_r \cdot \zeta_r$

汽轮机效率相对变化为：$\delta\eta_i \downarrow = \dfrac{\Delta H - \Delta Q \cdot \eta_i}{H - \Delta H}$

(5) 应用法则 4——水工质带热量进出加热器疏水侧(图 2-17)

A. 水工质带热量 $\alpha_f \cdot h_f$ 进入 j 级加热器疏水侧

将水工质带热量 $\alpha_f \cdot h_f$ 分解为纯热量 $\alpha_f \cdot (h_f - h_{dj})$ 和纯工质 $\alpha_f \cdot h_{dj}$。

纯热量作用于 $j-1$ 级加热器，做功增量为：

$$\Delta H_1 \uparrow = \alpha_f \cdot (h_f - h_{dj}) \cdot \eta_{j-1}$$

吸热增量为：

$$\Delta Q_1 \uparrow = \alpha_f \cdot (h_f - h_{dj}) \cdot \zeta_{j-1}$$

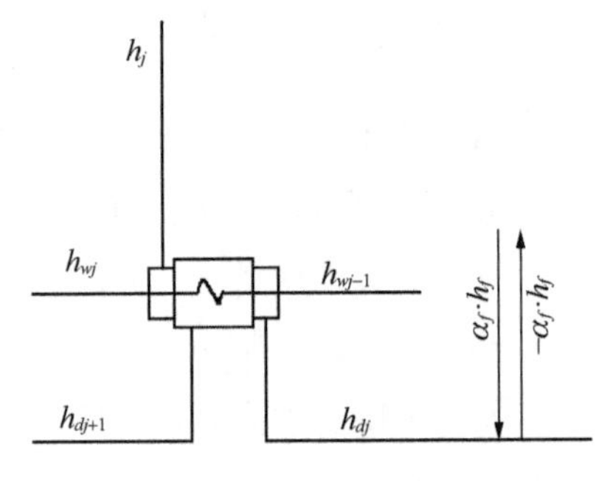

图 2-17　水工质带热量进出加热器疏水侧

纯工质进入加热器疏水侧，若低压级有混合式加热器，做功增量为：

$$\Delta H_2 \uparrow = \alpha_f \cdot (\sum_{r=m}^{j-1} \gamma_r \cdot \eta_r + \sum_{r=1}^{m-1} \tau_r \cdot \eta_r)$$

吸热增量为：

$$\Delta Q_2 \uparrow = \alpha_f \cdot (\sum_{r=m}^{j-1} \gamma_r \cdot \zeta_r + \sum_{r=1}^{m-1} \tau_r \cdot \zeta_r)$$

式中，m 为疏水 j 级低压级混合式加热器的编号。

若低压级无混合式加热器，做功增量为：$\Delta H_2 \uparrow = \alpha_f \cdot \sum_{r=1}^{j-1} \gamma_r \cdot \eta_r$

吸热增量为：$\Delta Q_2 \uparrow = \alpha_f \cdot \sum_{r=1}^{j-1} \gamma_r \cdot \zeta_r$

以低压级无混合式加热器为例，

净做功增量为：

$$\Delta H\uparrow=\Delta H_1+\Delta H_2=\alpha_f\cdot\left[(h_f-h_{dj})\cdot\eta_{j-1}+\sum_{r=1}^{j-1}\gamma_r\cdot\eta_r\right]$$

净吸热增量为：

$$\Delta Q\uparrow=\Delta Q_1+\Delta Q_2=\alpha_f\cdot\left[(h_f-h_{dj})\cdot\zeta_{j-1}+\sum_{r=1}^{j-1}\gamma_r\cdot\zeta_r\right]$$

汽轮机效率相对变化为：

$$\delta\eta_i\uparrow=\frac{\Delta H-\Delta Q\cdot\eta_i}{H+\Delta H}$$

B. 水工质带热量 $\alpha_f\cdot h_f$ 离开 j 级加热器疏水侧

由于 $h_f=h_j$，纯热量为零，纯工质为 $\alpha_f\cdot h_j$。

若低压级有混合式加热器，做功增量为：$\Delta H_2\downarrow=\alpha_f\cdot\left(\sum_{r=m}^{j-1}\gamma_r\cdot\eta_r+\sum_{r=1}^{m-1}\tau_r\cdot\eta_r\right)$

吸热增量为：$\Delta Q_2\downarrow=\alpha_f\cdot(\sum_{r=m}^{j-1}\gamma_r\cdot\zeta_r+\sum_{r=1}^{m-1}\tau_r\cdot\zeta_r)$

式中，m 为疏水 j 级低压级混合式加热器的编号。

若低压级无混合式加热器，做功增量为：$\Delta H_2\downarrow=\alpha_f\cdot\sum_{r=1}^{j-1}\gamma_r\cdot\eta_r$

吸热增量为：$\Delta Q_2\downarrow=\alpha_f\cdot\sum_{r=1}^{j-1}\gamma_r\cdot\zeta_r$

以低压级无混合式加热器为例，

净做功增量为：$\Delta H\downarrow=\Delta H_2=\alpha_f\cdot\sum_{r=1}^{j-1}\gamma_r\cdot\eta_r$

净吸热增量为：$\Delta Q\downarrow=\Delta Q_2=\alpha_f\cdot\sum_{r=1}^{j-1}\gamma_r\cdot\zeta_r$

汽轮机效率相对变化为：$\delta\eta_i\downarrow=\dfrac{\Delta H-\Delta Q\cdot\eta_i}{H-\Delta H}$

2.2.4 抽汽等效焓降计算

汽轮机回热抽汽热力系统如图 2-18 所示。

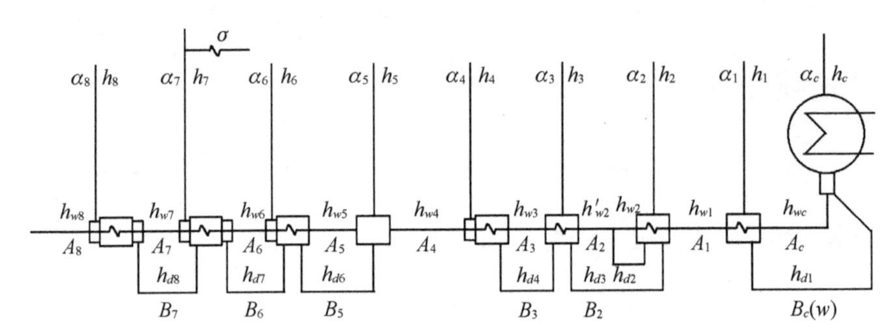

图 2-18 汽轮机回热抽汽热力系统图

#1 抽汽等效焓降：

$$H_1 = h_1 - h_c = 2\,691.4 - 2\,438.1 = 253.3\ (\text{kJ/kg})$$

#1 抽汽效率：

$$\eta_1 = \frac{H_1}{q_1} = 253.3/2\,550.7 \approx 0.099\,306\,073$$

#2 抽汽等效焓降：

$$H_2 = h_2 - h_c - \frac{\tau_1}{q_1} \cdot H_1$$

$$= 2\,888.4 - 2\,438.1 - 165.1/2\,550.7 \times 253.3 = 433.904\,567\,4\ (\text{kJ/kg})$$

#2 抽汽效率：

$$\eta_2 = \frac{H_2}{q_2} = 433.904\,567\,4/2\,582.6 \approx 0.168\,010\,752$$

#3 抽汽等效焓降：

$$H_3 = h_3 - h_2 + \left(1 - \frac{\gamma_2}{q_2}\right) \cdot H_2$$

$$= 2\,979.5 - 2\,888.4 + (1 - 214.9/2\,582.6) \times 433.904\,567\,4$$

$$= 488.899\,056\,9\ (\text{kJ/kg})$$

#3 抽汽效率：

$$\eta_3 = \frac{H_3}{q_3} = 488.899\ 056\ 9/2\ 458.8 \approx 0.198\ 836\ 447$$

#4 抽汽等效焓降：

$$\begin{aligned} H_4 &= h_4 - h_3 + \left(1 - \frac{\gamma_3}{q_3}\right) \cdot H_3 \\ &= 3\ 164.5 - 2\ 979.5 + (1 - 119.3/2\ 458.8) \times 488.899\ 056\ 9 \\ &= 650.177\ 868\ 7\ (\text{kJ/kg}) \end{aligned}$$

#4 抽汽效率：

$$\eta_4 = \frac{H_4}{q_4} = 650.177\ 868\ 7/2\ 524.5 \approx 0.257\ 547\ 185$$

#5 抽汽等效焓降：

$$\begin{aligned} H_5 &= h_5 - h_2 + H_2 - \frac{\tau_4}{q_4} \cdot H_4 - \frac{\tau_3}{q_3} \cdot H_3 - \frac{\tau_2}{q_2} \cdot H_2 \\ &= 3\ 275.3 - 2\ 888.4 + 433.904\ 567\ 4 - 127/2\ 524.5 \times 650.177\ 868\ 7 \\ &\quad - 64.501\ 280\ 3/2\ 458.8 \times 488.899\ 056\ 8 - 135.698\ 719\ 7/2\ 582.6 \\ &\quad \times 433.904\ 567\ 4 \\ &= 752.472\ 025\ 5\ (\text{kJ/kg}) \end{aligned}$$

#5 抽汽效率：

$$\eta_5 = \frac{H_5}{q_5} = 752.472\ 025\ 5/2\ 642.3 \approx 0.284\ 779\ 179$$

#6 抽汽等效焓降：

$$\begin{aligned} H_6 &= h_6 - h_5 + \left(1 - \frac{\gamma_5}{q_5}\right) \cdot H_5 \\ &= 3\ 382.1 - 3\ 275.3 + (1 - 149.9/2\ 642.3) \times 752.472\ 025\ 5 \\ &= 816.583\ 626\ 5\ (\text{kJ/kg}) \end{aligned}$$

#6 抽汽效率：

$$\eta_6 = \frac{H_6}{q_6} \approx 816.583\,626\,5/2\,599.2 = 0.314\,167\,292$$

#7 抽汽等效焓降：

$$\begin{aligned} H_7 &= h_7 - h_6 + \left(1 - \frac{\gamma_6}{q_6}\right) \cdot H_6 + \sigma \\ &= 3\,040.2 - 3\,382.1 + (1 - 107.7/2\,599.2) \times 816.583\,626\,5 + 502.8 \\ &= 943.647\,809\,1\ (\text{kJ/kg}) \end{aligned}$$

#7 抽汽效率：

$$\eta_7 = \frac{H_7}{q_7} = 943.647\,809\,1/2\,149.6 \approx 0.438\,987\,63$$

#8 抽汽等效焓降：

$$\begin{aligned} H_8 &= h_8 - h_7 + \left(1 - \frac{\gamma_7}{q_7}\right) \cdot H_7 \\ &= 3\,137.9 - 3\,040.2 + (1 - 144.4/2\,149.6) \times 943.647\,809\,1 \\ &= 977.957\,995\,4\ (\text{kJ/kg}) \end{aligned}$$

#8 抽汽效率：

$$\eta_8 = \frac{H_8}{q_8} = 977.957\,995\,4/2\,102.9 \approx 0.465\,052\,069$$

2.2.5 抽汽吸热增量与热量转换系数计算

#1 抽汽吸热增量：$\Delta Q_1 = 0$ (kJ/kg)

#1 热量转换系数：$\zeta_1 = 0$

#2 抽汽吸热增量：$\Delta Q_2 = 0$ (kJ/kg)

#2 热量转换系数：$\zeta_2 = 0$

#3 抽汽吸热增量：$\Delta Q_3 = 0$ (kJ/kg)

#3 热量转换系数：$\zeta_3 = 0$

#4 抽汽吸热增量：$\Delta Q_4 = 0$ (kJ/kg)

#4 热量转换系数：$\zeta_4 = 0$

＃5 抽汽吸热增量：$\Delta Q_5=0$（kJ/kg）

＃5 热量转换系数：$\zeta_5=0$

＃6 抽汽吸热增量：$\Delta Q_6=0$（kJ/kg）

＃6 热量转换系数：$\zeta_6=0$

＃7 抽汽吸热增量：$\Delta Q_7=\sigma=502.8$（kJ/kg）

＃7 热量转换系数：

$$\zeta_7=\frac{\Delta Q_7}{q_7}=502.8/2\,149.6\approx 0.233\,903\,982$$

＃8 抽汽吸热增量：

$$\Delta Q_8=\left(1-\frac{\gamma_7}{q_7}\right)\cdot\sigma=(1-144.4/2\,149.6)\times 502.8\approx 469.024\,265\ \text{(kJ/kg)}$$

＃8 热量转换系数：

$$\zeta_8=\frac{\Delta Q_8}{q_8}=469.024\,265/2\,102.9\approx 0.223\,036\,885$$

2.2.6　新汽等效焓降计算

新汽等效焓降：

$$\begin{aligned}H_0&=h_0-h_5+\sigma+H_5-\sum_{r=8}^{5}\frac{\tau_r}{q_r}\cdot H_r\\&=3\,433.5-3\,275.3+502.8+752.472\,025\,5-109.9/2\,102.9\times 977.957\,995\,4\\&\quad-146.1/2\,149.6\times 943.647\,809\,1-119/2\,599.2\times 816.583\,626\,5\\&\quad-34/2\,642.3\times 752.472\,025\,5=1\,251.158\,311\ \text{(kJ/kg)}\end{aligned}$$

新汽效率：

$$\eta_i=\frac{H_0}{q_0}=1\,251.158\,311/2\,835.614\,875\approx 0.441\,229\,986$$

2.2.7　等效焓降计算汇总

等效焓降计算汇总如表 2-5 所示。

表 2-5　等效焓降计算汇总表

初终再热参数								
序号	名称	新汽	再热	低进	名称	凝汽器	名称	凝汽器
1	蒸汽焓/(kJ/kg)	3 433.5	3 543	3 164.5	蒸汽焓/(kJ/kg)	2 438.1	排汽份额	0.689 675
2	蒸汽吸热量/(kJ/kg)	2 391.5	502.8	0	凝水焓/(kJ/kg)	140.7	凝水份额	0.689 675
3	缸效率	0.839 096	0.864 507	0.861 611	蒸汽放热量/(kJ/kg)	2 297.4		

抽汽等效焓降									
序号	符号	#8 SC/F/DC	#7 SC/F/DC	#6 SC/F	#5 C	#4 SC/F	#3 F	#2 F(P)	#1 F(W)
1	h_j/(kJ/kg)	3 137.9	3 040.2	3 382.1	3 275.3	3 164.5	2 979.5	2 888.4	2 691.4
2	h_{wj}/(kJ/kg)	1 042	932.1	786	667	633	506	441.378 2	305.8
3	h_{dj}/(kJ/kg)	1 035	890.6	782.9	667	640	520.7	452.9	321.4
4	q_j/(kJ/kg)	2 102.9	2 149.6	2 599.2	2 642.3	2 524.5	2 458.8	2 582.6	2 550.7
5	γ_j/(kJ/kg)	0	144.4	107.7	149.9	0	119.3	214.9	0
6	τ_j/(kJ/kg)	109.9	146.1	119	34	127	64.621 78	135.578 2	165.1
7	H_j/(kJ/kg)	977.954 9	943.644 5	816.580 1	752.468 3	650.177 9	488.899 1	433.904 6	253.3
8	η_j	0.465 051	0.438 986	0.314 166	0.284 778	0.257 547	0.198 836	0.168 011	0.099 306
9	ΔQ_j/(kJ/kg)	469.024 3	502.8	0	0	0	0	0	0
10	ξ_j	0.223 037	0.233 904	0	0	0	0	0	0

新汽等效焓降		
1	H_0/(kJ/kg)	1 251.155
2	η_i	0.441 229

由表 2-5 和表 2-3 对比可见，新汽等效焓降与简捷热平衡计算中蒸汽在汽轮机内做功完全相等，新汽效率与简捷热平衡计算中汽轮机内效率完全相等。

可见，利用等效焓降可以实现与简捷热平衡等价的整体计算。

2.2.8　等效焓降小结

基于原始定义，推导抽汽等效焓降的计算式。实现了抽汽等效焓降方法的从无到有。

基于抽汽等效焓降计算式，归纳总结成为计算通式，在面对高参数大容量汽轮机回热系统为多级（一般为 8 级）回热时，无需逐级计算单位斤汽在汽轮机低压级的分流份额，从而避免了抽汽等效焓降建模过程中的出错概率。实现了抽汽等效焓降方法的从有到好。

计算通式解决了抽汽等效焓降建模的规范性问题，但存在高压级抽汽等效焓降冗余和重复等问题，通过分析发现汽轮机回热系统中存在两种典型的连接关系：一是有疏水联系相邻的加热器之间的关系；二是高低压两个混合式加热器之间的关系。基于计算通式，推导了针对两种典型连接关系的抽汽等效焓降简化关系。实现了抽汽等效焓降方法的从好到优。

可见，这种不断追求完美的探索精神在等效焓降的发展和演绎中发挥着重要的作用。

第3章　实际系统的热力计算

3.1　实际系统及其汽水工质参数

3.1.1　实际系统

实际系统是在基准系统热力系统中，增加给水泵（及凝结水泵）、轴封系统和加热器散热损失等辅助成分后形成的热力系统。本书定义的实际系统及其热力系统仅包含生产工艺所必须的最基本辅助成分，是满足生产工艺最小需求的实际热力系统。

3.1.2　实际系统的结构与特点

实际系统原则性热力系统及其参数如图3-1所示。

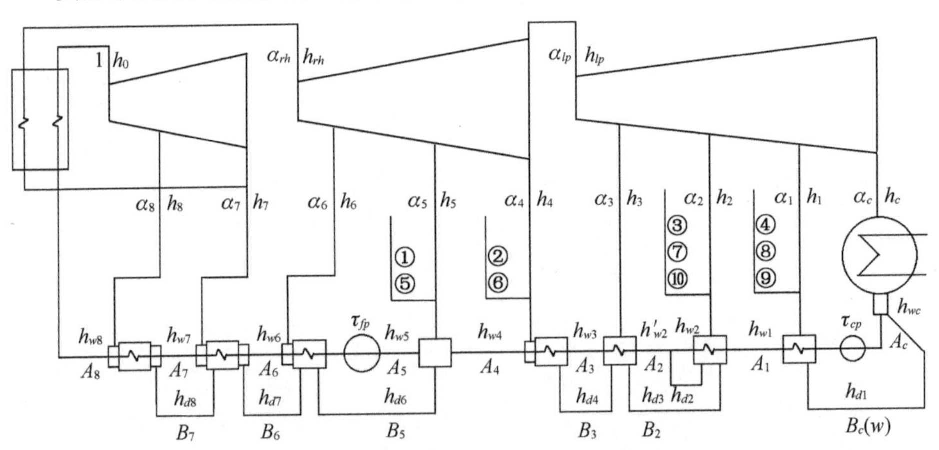

图3-1　实际系统原则性热力系统及其参数

汽轮机高压缸的抽汽和排汽分别为＃8和＃7加热器的抽汽，高压缸排汽也是再热器的进汽。

汽轮机中压缸的 2 级抽汽和排汽分别为＃6、＃5 和＃4 加热器的抽汽。

汽轮机低压缸的 3 级抽汽分别为＃3、＃2 和＃1 加热器的抽汽。

＃8 和＃7 加热器为高压加热器且含主凝结段、蒸汽冷却器与疏水冷却器。

＃6 加热器为高压加热器且含主凝结段和蒸汽冷却器。

＃5 加热器为除氧器(混合式加热器)。

＃4 加热器为低压加热器且含主凝结段和蒸汽冷却器。

＃3、＃2 和＃1 加热器为低压加热器，其中，＃2 加热器带有疏水泵、＃1 加热器疏水去热井，亦即＃2 和＃1 在热平衡意义上等效于混合式加热器。

3.1.3　实际系统汽水工质参数

(1) 初终再热参数(表 3-1)

表 3-1　初终再热参数

序号	名称	主汽	再汽	低进	凝汽器
1	蒸汽温度/℃	535	535	348.6	33.597 7
2	蒸汽压力/MPa	12.7	2.16	0.538	0.005 2
3	蒸汽焓/(kJ/kg)	3 433.5	3 543	3 164.5	2 438.1
4	缸效率	0.839 096	0.864 507	0.861 611	140.7

(2) 抽汽与加热器参数(表 3-2)

表 3-2　抽汽与加热器参数

序号	名称	＃8 SC/F/DC	＃7 高排 SC/F/DC	＃6 SC/F	＃5 C	＃4 中排 SC/F	＃3 F	＃2 F(P)	＃1 F(W)
1	抽汽压力/MPa	3.75	2.46	1.21	0.829	0.543	0.245	0.146	0.045 1
2	壳侧压力/MPa	3.45	2.25	1.11	0.588	0.5	0.225	0.134	0.041 5
3	抽汽焓/(kJ/kg)	3 137.9	3 040.2	3 382.1	3 275.3	3 164.5	2 979.5	2 888.4	2 691.4
4	出水焓/(kJ/kg)	1 042	932.1	786	667	633	506	439.8	305.8
5	疏水焓/(kJ/kg)	1 035	890.6	782.9	667	640	520.7	452.9	321.4

(3) 给水泵与凝水泵参数(表 3-3)

表 3-3　给水泵与凝水泵参数

序号	名称	进口压力/MPa	出口压力/MPa	理想功/(kJ/kg)
1	给水泵	0.588	15.24	14.652
2	凝水泵	0.005 2	0.705 6	0.700 4

(4) 实际系统轴封漏汽参数(表 3-4)

表 3-4　实际系统轴封漏汽参数表

序号	名称	份额	焓/(kJ/kg)	来源	去向
1	轴封 1	0.002 84	3 433.5	冷段	#5
2	轴封 2	0.005 75	3 100.8	冷段	#4
3	轴封 3	0.000 2	3 433.5	冷段	#2
4	轴封 4	0.002 33	3 087.1	冷段	#1
5	轴封 5	0.000 23	3 543	热段	#5
6	轴封 6	0.001 46	3 492.9	热段	#4
7	轴封 7	0.003 9	3 543	热段	#2
8	轴封 8	0.001	3 492.9	热段	#1
9	轴封 9	0.000 74	2 754.5	热段	#1
10	轴封 10	0.000 87	2 754.5	热段	#2

(5) 加热器散热损失参数(表 3-5)

表 3-5　加热器散热损失参数表

序号	名称	#8	#7	#6	#5	#4	#3	#2	#1
1	热系数	0.98	0.97	0.96	0.95	0.94	0.93	0.92	0.91

3.2　电动给水泵与电动凝结水泵实际系统分析

3.2.1　机理分析与参量计算

(1) 给水泵的理想耗功与给水泵焓升

给水泵升压过程如图 3-2 所示。

理想耗功为：

$$H_{tfp} = (h_{tw\_out} - h_{w\_in})$$
$$= \bar{v} \cdot \Delta p \cdot 10^3 \approx (p_{w\_out} - p_{w\_in})$$

式中，h_{tw_out}、h_{w_in} 分别表示给水泵理想出口水焓和给水泵进口水焓；

$\bar{v} \approx 0.001$ 是水的平均比容；

p_{w_out} 是给水泵出口水压，其值一般

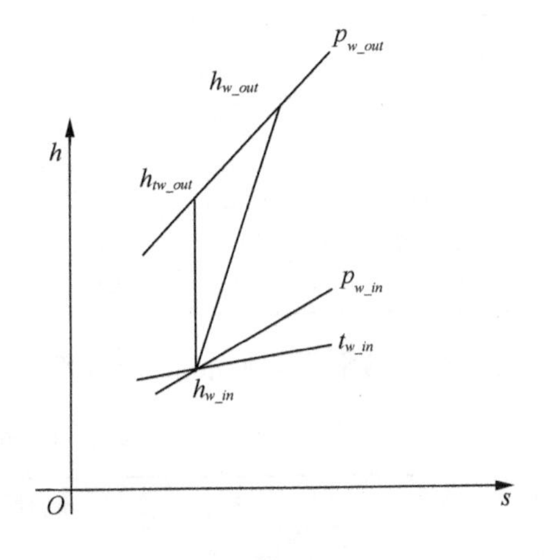

图 3-2　给水泵升压过程 h-s 图

为主汽压力 p_0 的 1.1～1.3 倍；

p_{w_in} 是给水泵进口水压，其值一般为除氧器壳侧压力 p_{n5}。

给水泵焓升(机械耗功)为：

$$\tau_{fp}=(h_{w\_out}-h_{w\_in})=\frac{H_{tfp}}{\eta_{fp}}$$

式中，h_{w_out} 表示给水泵实际出口水焓；

η_{fp} 是给水泵效率，其取值一般为 0.65～0.85。

给水泵焓升 τ_{fp} 是指给水泵提升给水压力时在给水中产生的热效应，给水泵焓升与其机械耗功在数值上相等。

(2) 传动效率与电动机实际耗功

为了驱动给水泵，电动机将提供高于给水泵焓升(或机械耗功)的实际耗功，两者之间的差值为传动损失(与其传动效率对应)。

实际耗功为：

$$w_{fp}=\frac{A_{fp}\cdot\tau_{fp}}{\eta_m}$$

式中，A_{fp} 是给水泵出水份额(本例中，$A_{fp}=A_5$)；

w_{fp}、η_m 分别为电动机实际耗功和电动机传动效率。

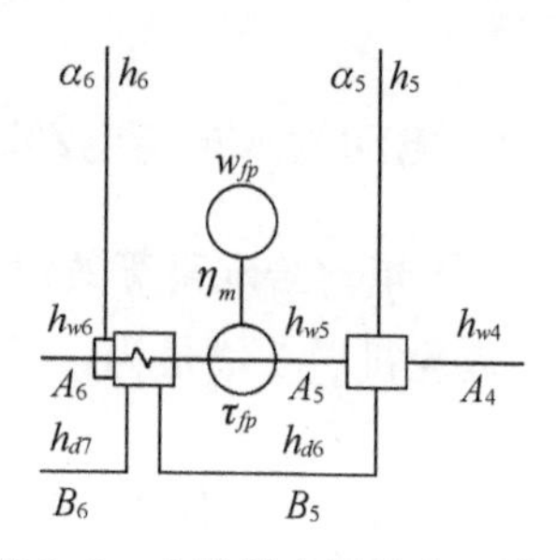

图 3-3　电动给水泵热力系统图

电动给水泵热力系统如图 3-3 所示。

电动给水泵与电动凝结水泵的相关效率和泵焓升与电动机耗功参数见表 3-6。

表 3-6　电动给水泵与电动凝结水泵相关参数表

序	名称	理想功/(kJ/kg)	泵效率	泵焓升/(kJ/kg)	传动效率	实际功/(kJ/kg)
1	电动给水泵	14.652	0.76	19.278 95	0.98	19.672 4
2	电动凝结水泵	0.700 4	0.65	1.077 538	0.98	1.099 529

3.2.2 电动给水泵与电动凝结水泵实际系统的简捷热平衡模型

本文算例中仅表示计算公式发生变动的部分。

给水泵焓升回收于＃6 加热器，抽汽份额为：

$$\alpha_6=\frac{(A_6\cdot\tau_6-B_6\cdot\gamma_6-A_5\cdot\tau_{fp})}{q_6}$$

凝结水泵焓升回收于♯1加热器，抽汽份额为：

$$\alpha_1 = \frac{(A_1 \cdot \tau_1 - B_1 \cdot \gamma_1 - A_1 \cdot \tau_{cp})}{q_1}$$

给水泵传动附加冷源损失为：

$$\Delta qc_{fp} = A_5 \cdot \tau_{fp} \cdot \left(\frac{1}{\eta_m} - 1\right)$$

凝结水泵传动附加冷源损失为：

$$\Delta qc_{cp} = A_1 \cdot \tau_{cp} \cdot \left(\frac{1}{\eta_m} - 1\right)$$

汽轮机内做功增量为：

$$\Delta w_i = -A_5 \cdot w_{fp} - A_1 \cdot w_{cp}$$

3.2.3 电动给水泵与电动凝结水泵实际系统的等效焓降模型

(1) 电动给水泵等效焓降局部定量模型

汽轮机做功增量为：

$$\Delta H \uparrow = -A_5 \cdot \tau_{fp} \cdot \left[(1 - \eta_6) + \left(\frac{1}{\eta_{fpm}} - 1\right)\right]$$

式中，η_{fpm} 为给水泵传动效率。

汽轮机吸热增量为：$\Delta Q \uparrow = 0$

汽轮机内效率相对变化率为：$\delta\eta_i \uparrow = \dfrac{\Delta H - \Delta Q \cdot \eta_i}{H + \Delta H}$

(2) 电动凝结水泵等效焓降局部定量模型

汽轮机做功增量为：

$$\Delta H \uparrow = -A_1 \cdot \tau_{cp} \cdot \left[(1 - \eta_1) + \left(\frac{1}{\eta_{cpm}} - 1\right)\right]$$

式中，η_{cpm} 为凝结水泵传动效率。

汽轮机吸热增量为：$\Delta Q \uparrow = 0$

汽轮机内效率相对变化率为：$\delta\eta_i \uparrow = \dfrac{\Delta H - \Delta Q \cdot \eta_i}{H + \Delta H}$

3.2.4 电动给水泵和电动凝结水泵实际系统的定量分析

(1) 电动给水泵和电动凝结水泵实际系统的简捷热平衡计算汇总(表 3-7)

表 3-7　电动给水泵与电动凝结水泵实际系统的简捷热平衡计算简表

基准系统热平衡									
序号	符号	#8 SC/F/DC	#7 高排 SC/F/DC	#6 SC/F	#5 C	#4 中排 SC/F	#3 F	#2 F(P)	#1 F(W)
1	α_j	0.052 261	0.064 455	0.040 947	0.003 923	0.042 178	0.019 989	0.038 841	0.047 73
2	h'_{w2}/(kJ/kg)	$h'_{w2}=439.8+(B_2+\alpha_2)/A_2\times(h_{d2}-439.8)$						441.378 220 4	
3	w_{ij}/(kJ/kg)	15.448 4	25.350 34	22.692 86	2.593 22	32.553 01	19.125 07	40.701 56	59.419 43
序号	名称	数值	回热功	凝汽功	凝汽份额	凝水份额	附加 1	附加 2	附加 3
1	q_0/(kJ/kg)	2 835.615			0.689 675	0.689 675			
2	q_c/(kJ/kg)	1 584.46							
3	w_i/(kJ/kg)	1 251.155	217.883 9	1 033.271					
4	η_i	0.441 229	与基准系统效率相对变化率					0	
电动给水泵与电动凝结水泵工况热平衡									
序号	符号	#8 SC/F/DC	#7 高排 SC/F/DC	#6 SC/F	#5 C	#4 中排 SC/F	#3 F	#2 F(P)	#1 F(W)
1	α_j	0.052 261	0.064 455	0.033 53	0.004 344	0.042 53	0.020 155	0.039 165	0.047 814
2	h'_{w2}/(kJ/kg)	$h'_{w2}=439.8+(B_2+\alpha_2)/A_2\times(h_{d2}-439.8)$						441.378 220 4	
3	w_{ij}/(kJ/kg)	15.448 4	25.350 34	18.582 22	2.871 361	32.824 66	19.284 67	41.041 21	59.524 24
序号	名称	数值	回热功	凝汽功	凝汽份额	凝水份额	附加 1	附加 2	附加 3
1	q_0/(kJ/kg)	2 835.615			0.695 745	0.695 745		0	0
2	q_c/(kJ/kg)	1 598.813						0.393 448	0.016 351
3	w_i/(kJ/kg)	1 236.802	214.927 1	1 042.364				−19.672 4	−0.817 56
4	η_i	0.436 167			与基准系统效率相对变化率			−0.011 605 423	

由表 3-7 可见，电动给水泵焓升与电动凝结水泵焓升分别加入#6 和#1 后，相关加热器抽汽份额减少；与基准系统相比，汽轮机内效率下降 1.2%。

电动给水泵与电动凝水泵实际系统的简捷热平衡详细计算汇总表见附表3-7。

(2) 电动给水泵与电动凝结水泵实际系统下机组热经济指标(表 3-8)

表 3-8　机组热经济指标

序号	名称	热效率	热耗率/(kJ/(k·Wh))	煤耗率/(kg/(k·Wh))	机械效率	电机效率	锅炉效率	管道效率	厂用电率
1	汽机	0.436 167	8 253.72						
2	机电	0.418 895	8 594.044	3.030 751	0.98	0.98			
3	机组发电	0.377 676	9 531.992	0.325 676			0.92	0.98	
4	机组供电	0.358 792	10 033.68	0.342 817					0.05

由表 3-8 可见,考虑电动给水泵与电动凝结水泵等辅助成分后,汽轮机内效率下降、发电和供电热耗率与标准煤耗率增加。

(3) 电动给水泵与电动凝结水泵实际系统的等效焓降计算汇总(表 3-9)

表 3-9 电动给水泵与电动凝结水泵实际系统的等效焓降计算简表

序号	符号	#8 SC/F/DC	#7 高排 SC/F/DC	#6 SC/F	#5 C	#4 中排 SC/F	#3 F	#2 F(P)	#1 F(W)
基准系统等效焓降									
1	H_j/(kJ/kg)	977.954 9	943.644 5	816.580 1	752.468 3	650.177 9	488.899 1	433.904 6	253.3
2	η_j	0.465 051	0.438 986	0.314 166	0.284 778	0.257 547	0.198 836	0.168 011	0.099 306
3	ΔQ_j/(kJ/kg)	469.024 3	502.8	0	0	0	0	0	0
4	ξ_j	0.223 037	0.233 904	0	0	0	0	0	0
5	H_0/(kJ/kg)	1 251.155							
6	η_i	0.441 229							
电动给水泵与电动凝结水泵实际系统等效焓降									
1	H_j/(kJ/kg)	977.954 9	943.644 5	816.580 1	752.468 3	650.177 9	488.899 1	433.904 6	253.3
2	η_j	0.465 051	0.438 986	0.314 166	0.284 778	0.257 547	0.198 836	0.168 011	0.099 306
3	ΔQ_j/(kJ/kg)	469.024 3	502.8	0	0	0	0	0	0
4	ξ_j	0.223 037	0.233 904	0	0	0	0	0	0

局部定量

序号	名称	做功增量/(kJ/kg)	吸热增量/(kJ/kg)	效率相对变化	发电热耗率偏差/(kJ/(k·Wh))	发电标煤耗偏差/(kg/(k·Wh))
1	电动给水泵	−13.615 6	0	−0.011 002 158	103.669 356	3.542 036 33
2	电动凝结水泵	−0.738	0	−0.000 590 203	5.561 264 567	0.190 009 873
3	和总	−14.353 6	0	−0.011 605 423	109.353 702 5	3.736 251 501

3.2.5 主要结论

比较表 3-9 与表 3-7 的计算结果：①等效焓降局部定量计算结果与简捷热平衡计算结果(总效率的相对变化率)完全相同,与基准系统相比,热耗率增加 109.4 kJ/(k·Wh);②等效焓降可以实现局部定量分析,其中,电动给水泵使热耗率增加 103.7 kJ/(k·Wh)、电动凝结水泵使热耗率增加 5.6 kJ/(k·Wh)。

电动给水泵与电动凝结水泵实际系统的等效焓降计算汇总表见附表 3-9。

3.3 汽动给水泵与电动凝结水泵实际系统分析

国产 N200 级组原设计采用电动给水泵,为了说明汽动给水泵的计算方法,

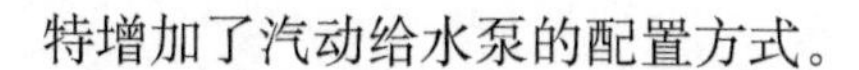

特增加了汽动给水泵的配置方式。

3.3.1　机理分析与参量计算

(1) 给水泵的理想耗功与给水泵焓升

给水泵升压过程如图 3-2 所示。

理想耗功为:

$$H_{tfp}=(h_{tw\_out}-h_{w\_in})=\bar{v}\cdot\Delta p\cdot 10^{3}\approx(p_{w\_out}-p_{w\_in})$$

式中,h_{tw_out}、h_{w_in} 分别表示给水泵理想出口水焓和给水泵进口水焓;

$\bar{v}\approx 0.001$ 是水的平均比容;

p_{w_out} 是给水泵出口水压,其值一般为主汽压力的 1.1～1.3 倍;

p_{w_in} 是给水泵进口水压,其值一般为除氧器壳侧压力。

给水泵焓升(机械耗功)为:

$$\tau_{fp}=(h_{w\_out}-h_{w\_in})=\frac{(p_{w\_out}-p_{w\_in})}{\eta_{fp}}$$

式中,h_{w_out} 表示给水泵实际出口水焓;

η_{fp} 是给水泵效率,其取值一般为 0.65～0.85。

给水泵焓升 τ_{fp} 是指给水泵提升给水压力时在给水中产生的热效应,给水泵焓升与其机械耗功在数值上相等。

(2) 传动效率与小汽机内功

汽动给水泵热力系统如图 3-4 所示。

为了驱动给水泵,小汽轮机将提供高于给水泵焓升(或称机械耗功)的小汽机内功,两者之间的差值为传动损失(与其传动效率对应)。

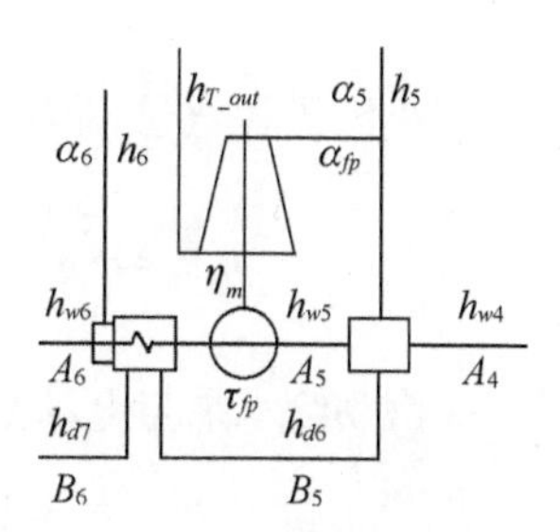

图 3-4　汽动给水泵热力系统图

小汽机内功为:

$$w_{fp}=\frac{A_{fp}\cdot\tau_{fp}}{\eta_m}$$

式中,A_{fp} 是给水泵出水份额;

w_{fp}、η_m 分别为小汽机内功和传动效率。

(3) 小汽轮机相对内效率与小汽机耗汽份额

小汽机做功过程如图 3-5 所示。

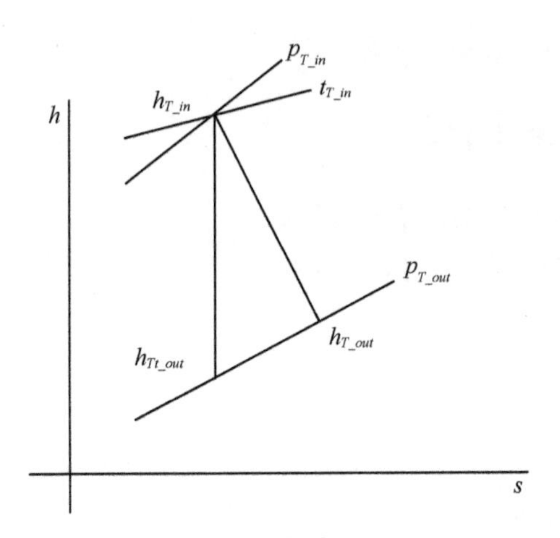

图 3-5　小汽机做功过程 *h-s* 图

小汽机理想焓降为：

$$H_{Tt}=h_{T\_in}-h_{Tt\_out}=\text{hhh}(p_{T\_in},h_{T\_in},p_{T\_out})$$

式中，h_{T_in}、h_{Tt_out} 分别为小汽机进口蒸汽焓和小汽机理想排汽焓；

p_{T_in}、p_{T_out} 分别为小汽机进口蒸汽压力和排汽压力。

小汽机实际焓降为：

$$H_{Ti}=h_{T\_in}-h_{T\_out}=H_{Tt}\cdot\eta_{ri}^{T}$$

式中，h_{T_out} 为小汽机实际排汽焓；

η_{ri}^{T} 是小汽机相对内效率，一般不高于同样初终参数下主机的相对内效率。

小汽机实际排汽焓为：

$$h_{T\_out}=h_{T\_in}-\text{hhh}(p_{T\_in},h_{T\_in},p_{T\_out})\cdot\eta_{ri}^{T}$$

小汽机耗汽份额为：

$$\alpha_{fp}^{T}=\frac{w_{fp}}{H_{Ti}}=\frac{A_{fp}\cdot(p_{w\_out}-p_{w\_in})}{\text{hhh}(p_{T\_in},h_{T\_in},p_{T\_out})\cdot\eta_{ri}^{T}\cdot\eta_{m}\cdot\eta_{fp}}$$

汽动给水泵与电动凝结水泵的相关效率和泵焓升与电动机耗功参数见表3-10。

表 3-10　汽动给水泵与电动凝结水泵相关参数表

序号	名称	理想功/(kJ/kg)	泵效率	泵焓升/(kJ/kg)	传动效率	实际功/(kJ/kg)	进汽焓/(kJ/kg)	排汽焓/(kJ/kg)	进汽份额
1	汽动给水泵	14.652	0.76	19.278 95	0.98	19.672 4	3 275.3	2 538.1	0.026 685
2	电动凝结水泵	0.700 4	0.65	1.077 538	0.98	1.099 529			

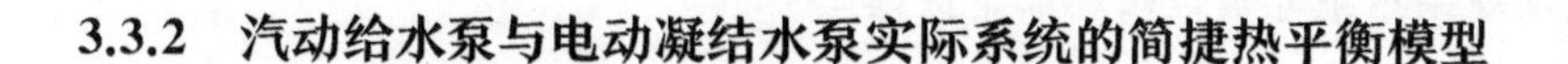

3.3.2 汽动给水泵与电动凝结水泵实际系统的简捷热平衡模型

本文算例中仅表示计算公式发生变动的部分。

给水泵焓升回收于#6 加热器,抽汽份额为:

$$\alpha_6=\frac{(A_6\cdot\tau_6-B_6\cdot\gamma_6-A_5\cdot\tau_{fp})}{q_6}$$

凝结水泵焓升回收于#1 加热器,抽汽份额为:

$$\alpha_1=\frac{(A_1\cdot\tau_1-B_1\cdot\gamma_1-A_1\cdot\tau_{cp})}{q_1}$$

汽轮机排汽份额增量为:

$$\Delta\alpha_c=-\alpha_{fp}$$

冷源损失增量为:

$$\Delta qc_{fp}=A_5\cdot\tau_{fp}\cdot\left(\frac{1}{\eta_m}-1\right)+\alpha_{fp}\cdot(h_{out}-h_{wc})+A_1\cdot\tau_{cp}\cdot\left(\frac{1}{\eta_m}-1\right)$$

汽轮机做功增量为:

$$\Delta w_i=A_5\cdot\alpha_{fp}\cdot(h_0-h_{in}+\sigma)-A_1\cdot w_{cp}$$

3.3.3 汽动给水泵与电动凝结水泵实际系统的等效焓降模型

(1) 汽动给水泵等效焓降局部定量模型

汽轮机做功增量为:

$$\Delta H\uparrow=-A_5\cdot\tau_{fp}\cdot\left[(1-\eta_6)+\left(\frac{1}{\eta_{fpm}}-1\right)\right]-\alpha_{fp}\cdot(h_{T\_out}-h_c)$$

式中,η_{fpm} 为给水泵传动效率;

α_{fp}、h_{T_out} 分别为小汽机进汽份额与排汽焓。

汽轮机吸热增量为: $\Delta Q\uparrow=0$

汽轮机效率相对变化率为: $\delta\eta_i\uparrow=\dfrac{\Delta H-\Delta Q\cdot\eta_i}{H+\Delta H}$

(2) 电动凝结水泵等效焓降局部定量模型

汽轮机做功增量为：

$$\Delta H\uparrow=-A_1\cdot\tau_{cp}\cdot\left[(1-\eta_1)+\left(\frac{1}{\eta_{cpm}}-1\right)\right]$$

式中，η_{cpm} 为凝结水泵传动效率；

A_1 为当前工况＃1 加热器的出水份额。

汽轮机吸热增量为：$\Delta Q\uparrow=0$

汽轮机效率相对变化率为：$\delta\eta_i\uparrow=\dfrac{\Delta H-\Delta Q\cdot\eta_i}{H+\Delta H}$

3.3.4 汽动给水泵和电动凝结水泵实际系统的定量分析

(1) 汽动给水泵与电动凝结水泵实际系统的简捷热平衡计算汇总(表 3-11)

表 3-11 汽动给水泵与电动凝结水泵实际系统的简捷热平衡计算简表

基准系统热平衡									
序号	符号	＃8 SC/F/DC	＃7 高排 SC/F/DC	＃6 SC/F	＃5 C	＃4 中排 SC/F	＃3 F	＃2 F(P)	＃1 F(W)
1	α_j	0.052 261	0.064 455	0.040 947	0.003 923	0.042 178	0.019 989	0.038 841	0.047 73
2	h'_{w2}/(kJ/kg)	$h'_{w2}=439.8+(B_2+\alpha_2)/A_2\times(h_{d2}-439.8)$						441.378 220 4	
3	w_{ij}/(kJ/kg)	15.448 4	25.350 34	22.692 86	2.593 22	32.553 01	19.125 07	40.701 56	59.419 43
序号	名称	数值	回热功	凝汽功	凝汽份额	凝水份额	附加 1	附加 2	附加 3
1	q_0/(kJ/kg)	2 835.615			0.689 675	0.689 675			
2	q_c/(kJ/kg)	1 584.46							
3	w_i/(kJ/kg)	1 251.155	217.883 9	1 033.271					
4	η_i	0.441 229			与基准系统效率相对变化率			0	
汽动给水泵工况热平衡									
序号	符号	＃8 SC/F/DC	＃7 高排 SC/F/DC	＃6 SC/F	＃5 C	＃4 中排 SC/F	＃3 F	＃2 F(P)	＃1 F(W)
1	α_j	0.052 261	0.064 455	0.033 53	0.004 344	0.042 53	0.020 155	0.039 165	0.047 814
2	h'_{w2}/(kJ/kg)	$h'_{w2}=439.8+(B_2+\alpha_2)/A_2\times(h_{d2}-439.8)$						441.378 220 4	
3	w_{ij}/(kJ/kg)	15.448 4	25.350 34	18.582 22	2.871 361	32.824 66	19.284 67	41.041 21	59.524 24
序号	名称	数值	回热功	凝汽功	凝汽份额	凝水份额	附加 1	附加 2	附加 3
1	q_0/(kJ/kg)	2 835.615			0.669 059	0.695 745		0	0
2	q_c/(kJ/kg)	1 601.482						0.409 799	63.975 31
3	w_i/(kJ/kg)	1 234.133	214.927 1	1 002.385				−0.817 56	17.638 98
4	η_i	0.435 226			与基准系统效率相对变化率			−0.013 792 787	

由表 3-11 可见，汽动给水泵焓升与电动凝结水泵焓升分别加入＃6 和＃1 后，

相关加热器抽汽份额减少，凝汽份额扣减小汽机用汽，汽轮机内效率下降近 1.4%。

汽动给水泵与电动凝结水泵实际系统的简捷热平衡计算汇总表见附表3-11。

(2) 汽动给水泵与电动凝结水泵实际系统下级组热经济指标(表 3-12)

表 3-12 级组热经济指标

序号	名称	热效率	热耗率/(kJ/(k·Wh))	煤耗率/(kg/(k·Wh))	机械效率	电机效率	锅炉效率	管道效率	厂电率
1	汽机	0.435 226	8 271.566						
2	机电	0.417 991	8 612.626	3.037 305	0.98	0.98			
3	机组发电	0.376 861	9 552.602	0.326 381			0.92	0.98	
4	机组供电	0.364 025	9 889.434	0.337 889					0.034 06

若与电动给水泵与电动凝结水泵系统相比较，可以发现一种有趣的现象：汽动泵系统的发电热效率下降 0.2%，但由于厂电率降低，其供电热效率上升1.4%，此算例说明：尽管汽动泵相比于电动泵降低了发电效率，但大幅度降低了厂电率，引起发电收益和供电效率的提升。

(3) 汽动给水泵与电动凝结水泵实际系统的等效焓降计算汇总(表 3-13)

表 3-13 汽动给水泵与电动凝结水泵实际系统的等效焓降计算简表

基准系统等效焓降									
序号	符号	#8 SC/F/DC	#7 高排 SC/F/DC	#6 SC/F	#5 C	#4 中排 SC/F	#3 F	#2 F(P)	#1 F(W)
1	H_j/(kJ/kg)	977.954 9	943.644 5	816.580 1	752.468 3	650.177 9	488.899 1	433.904 6	253.3
2	η_j	0.465 051	0.438 986	0.314 166	0.284 778	0.257 547	0.198 836	0.168 011	0.099 306
3	ΔQ_j/(kJ/kg)	469.024 3	502.8	0	0	0	0	0	0
4	ξ_j	0.223 037	0.233 904	0	0	0	0	0	0
5	H_0/(kJ/kg)	1 251.155							
6	η_i	0.441 229							
汽动给水泵实际系统等效焓降									
1	H_j/(kJ/kg)	977.954 9	943.644 5	816.580 1	752.468 3	650.177 9	488.899 1	433.904 6	253.3
2	η_j	0.465 051	0.438 986	0.314 166	0.284 778	0.257 547	0.198 836	0.168 011	0.099 306
3	ΔQ_j/(kJ/kg)	469.024 3	502.8	0	0	0	0	0	0
4	ξ_j	0.223 037	0.233 904	0	0	0	0	0	0

局部定量						
序号	名称	做功增量/(kJ/kg)	吸热增量/(kJ/kg)	效率相对变化	发电热耗率偏差/(kJ/(k·Wh))	发电标煤耗偏差/(kg/(k·Wh))
1	给水泵	−16.284 1	0	−0.013 186 912	124.255 494 6	4.245 396 067
2	凝结水泵	−0.738	0	−0.000 590 203	5.561 264 567	0.190 009 873
3	和总	−17.022 1	0	−0.013 792 787	129.964 442 5	4.440 451 786

3.3.5 主要结论

比较表 3-13 与表 3-11 的计算结果：①等效焓降局部定量计算结果与简捷热平衡计算结果(和总效率的相对变化率)完全相同，与基准系统比热耗率增加约 130.0 kJ/(k·Wh)；②等效焓降可以实现局部定量分析，其中，电动给水泵使热耗率增加 124.3 kJ/(k·Wh)、电动凝结水泵使热耗率增加 5.6 kJ/(k·Wh)。

汽动给水泵与电动凝结水泵实际系统的等效焓降计算汇总表见附表 3-13。

3.4 轴封漏汽利用实际系统分析

3.4.1 机理分析与参量计算

汽轮机转子(转动部分)和汽缸(静止部分)不可避免地存在间隙，也就不可避免地存在漏汽(高温高压蒸汽漏入周边常压或低压的空间内)。

这些漏汽不仅影响设备的安全性，也产生了可观的工质和能量损失。

为了改善机组运行的安全性和经济性，在汽轮机各种动静间隙处设置了结构形式各异的轴封系统，极大地减少了轴封漏汽量；同时，还根据这些漏汽的参数，将这些漏汽引入回热系统，进一步回收其能量。

轴封漏汽的分析包含轴封漏汽(离开汽轮机)和漏汽回收(进入汽轮机)两个部分。尽管轴封漏汽离开系统携带的热量(漏汽量与漏汽焓的乘积)和漏汽回收的热量(回收漏汽量与回收漏汽焓的乘积)在数值上相等，但由于漏汽处与回收处存在做功能力的差异，轴封漏汽利用实际系统依然产生了能量损失。

根据轴封漏汽离开系统的位置，分为再热冷段(高压缸内)和再热热段(中低压缸内)漏汽两种；根据漏汽回收的位置，同样分为再热冷段(一般是高压缸抽汽与高压缸排汽)和再热热段(中低压缸的抽汽或汽轮机排汽)回收两种。

我们将每一股轴封漏汽与该股漏汽回收的组合称为该股汽流的轴封漏汽利用系统，这种系统包含以下三种情形：情形一：再热冷段漏汽利用于再热冷段；情形二：再热冷段漏汽利用于再热热段；情形三：再热热段漏汽利用于再热热段。

由于漏汽压力的问题，再热热段漏汽利用于再热冷段无法实现。

根据再热冷段漏汽回收利用于再热冷段以及焓值接近时尽量回收至高压级

回热加热器的原则，本算例中对原有轴封漏气利用系统进行了调整。一是能够兼顾上述三种情形均有示例；二是符合轴封漏汽利用系统调整的原则，可以改善汽轮机的热经济性。

根据上述原则调整后的轴封漏汽利用系统如图 3-6 所示，轴封漏汽利用系统参数见表3-14。

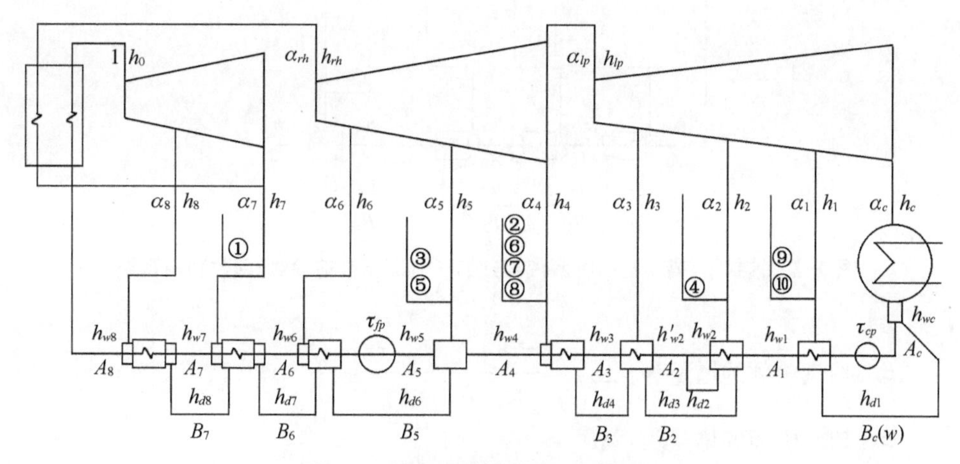

图 3-6　调整后的轴封漏汽利用系统

表 3-14　调整后轴封漏汽利用系统参数表

序号	份额	焓	来源	原去向	新去向
1	0.002 84	3 433.5	冷段	＃5	＃7
2	0.005 75	3 100.8	冷段	＃4	＃4
3	0.000 2	3 433.5	冷段	＃2	＃5
4	0.002 33	3 087.1	冷段	＃1	＃2
5	0.000 23	3 543	热段	＃5	＃5
6	0.001 46	3 492.9	热段	＃4	＃4
7	0.003 9	3 543	热段	＃2	＃4
8	0.001	3 492.9	热段	＃1	＃4
9	0.000 74	2 754.5	热段	＃1	＃1
10	0.000 87	2 754.5	热段	＃2	＃1

3.4.2　轴封漏汽利用实际系统的简捷热平衡模型

(1) 情形一：再热冷段漏汽利用于再热冷段的简捷热平衡模型

轴封漏汽①回收于＃7 属于情形一（图 3-7）。

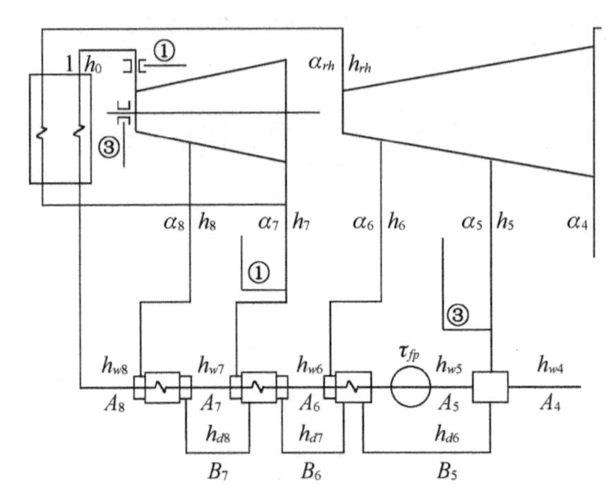

图 3-7　轴封①(高压缸门杆漏汽)与轴封③(高压缸前轴封)回收利用系统

＃7 抽汽份额的增量为：$\Delta\alpha_7 = \dfrac{-\alpha_{f1}\cdot(h_{f1}-h_{d7})}{(h_7-h_{d7})}$

＃6 疏水份额的增量为：$\Delta B_6 = \alpha_{f1}$

排汽份额的增量为：$\Delta\alpha_c = -\alpha_{f1}$

汽轮机做功增量为：$\Delta w_i = \alpha_{f1}\cdot(h_0-h_{f1})$，为冷段漏汽在汽轮机内做功量。

汽轮机吸热增量为：$\Delta q_0 = -\alpha_{f1}\cdot\sigma$，为冷段漏汽旁路再热器少吸热。

(2) 情形二：再热冷段漏汽利用于再热热段的简捷热平衡模型

轴封漏汽②、③和④分别回收于＃4、＃5 和＃2 加热器，属此情形(轴封漏汽③见图 3-7)。

A. 轴封漏汽②回收于＃4

＃4 抽汽份额的增量为：$\Delta\alpha_4 = \dfrac{-\alpha_{f2}\cdot(h_{f2}-h_{d4})}{(h_4-h_{d4})}$

＃3 疏水份额的增量为：$\Delta B_3 = \alpha_{f2}$

排汽份额的增量为：$\Delta\alpha_c = -\alpha_{f2}$

汽轮机做功增量为：$\Delta w_i = \alpha_{f2}\cdot(h_0-h_{f2})$ 为冷段漏汽在汽轮机内做功量。

汽轮机吸热增量为：$\Delta q_0 = -\alpha_{f2}\cdot\sigma$ 为冷段漏汽旁路再热器少吸热。

B. 轴封漏汽③回收于＃5

＃5 抽汽份额的增量为：$\Delta\alpha_5 = \dfrac{-\alpha_{f3}\cdot(h_{f3}-h_{w4})}{(h_5-h_{w4})}$

＃4 出水份额的增量为：$\Delta A_4 = -\alpha_{f3}$

排汽份额的增量为：$\Delta\alpha_c = -\alpha_{f3}$

汽轮机做功增量为：$\Delta w_i = \alpha_{f3} \cdot (h_0 - h_{f3})$，为冷段漏汽在汽轮机内做功量。

汽轮机吸热增量为：$\Delta q_0 = -\alpha_{f3} \cdot \sigma$，为冷段漏汽旁路再热器少吸热。

C. 轴封漏汽④回收于＃2

＃2 抽汽份额的增量为：$\Delta\alpha_2 = \dfrac{-\alpha_{f4} \cdot (h_{f4} - h_{w1})}{(h_2 - h_{w1})}$

＃1 出水份额的增量为：$\Delta A_1 = -\alpha_{f4}$

排汽份额的增量为：$\Delta\alpha_c = -\alpha_{f4}$

汽轮机做功增量为：$\Delta w_i = \alpha_{f4} \cdot (h_0 - h_{f4})$，为冷段漏汽在汽轮机内做功量。

汽轮机吸热增量为：$\Delta q_0 = -\alpha_{f4} \cdot \sigma$，为冷段漏汽旁路再热器少吸热。

(3) 情形三：再热热段漏汽利用于再热热段的简捷热平衡模型

轴封漏汽⑤～⑩分别回收于＃5、＃4 和＃1 加热器，属于此情形。

A. 轴封漏汽⑤回收于＃5(图 3-8)

＃5 抽汽份额的增量为：

$$\Delta\alpha_5 = \frac{-\alpha_{f5} \cdot (h_{f5} - h_{w4})}{(h_5 - h_{w4})}$$

＃4 出水份额的增量为：$\Delta A_4 = -\alpha_{f5}$

排汽份额的增量为：$\Delta\alpha_c = -\alpha_{f5}$

汽轮机做功增量为：$\Delta w_i = \alpha_{f5} \cdot (h_0 - h_{f5} + \sigma)$，为热段漏汽在汽轮机内做功量。

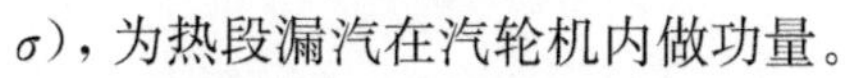

汽轮机吸热增量为：$\Delta q_0 = 0$

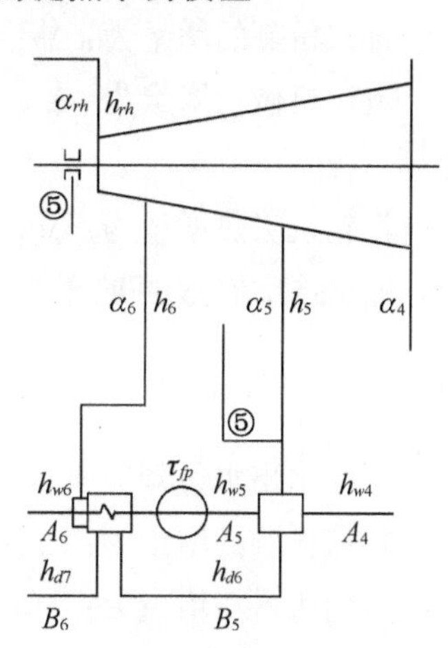

图 3-8　轴封⑤(中压缸前轴封漏汽)回收利用系统

B. 轴封漏汽⑥回收于＃4

＃4 抽汽份额的增量为：$\Delta\alpha_4 = \dfrac{-\alpha_{f6} \cdot (h_{f6} - h_{d4})}{(h_4 - h_{d4})}$

＃3 疏水份额的增量为：$\Delta B_3 = \alpha_{f6}$

排汽份额的增量为：$\Delta\alpha_c = -\alpha_{f6}$

汽轮机做功增量为：$\Delta w_i = \alpha_{f6} \cdot (h_0 - h_{f6} + \sigma)$，为热段漏汽在汽轮机内做功量。

汽轮机吸热增量为：$\Delta q_0 = 0$

C. 轴封漏汽⑦回收于＃4

＃4 抽汽份额的增量为：$\Delta\alpha_4=\dfrac{-\alpha_{f7}\cdot(h_{f7}-h_{d4})}{(h_4-h_{d4})}$

＃3 疏水份额的增量为：$\Delta B_3=\alpha_{f7}$

排汽份额的增量为：$\Delta\alpha_c=-\alpha_{f7}$

汽轮机做功增量为：$\Delta w_i=\alpha_{f7}\cdot(h_0-h_{f7}+\sigma)$，为热段漏汽在汽轮机内做功量。

汽轮机吸热增量为：$\Delta q_0=0$

D. 轴封漏汽⑧回收于＃4

＃4 抽汽份额的增量为：$\Delta\alpha_4=\dfrac{-\alpha_{f8}\cdot(h_{f8}-h_{d4})}{(h_4-h_{d4})}$

＃3 疏水份额的增量为：$\Delta B_3=\alpha_{f8}$

排汽份额的增量为：$\Delta\alpha_c=-\alpha_{f8}$

汽轮机做功增量为：$\Delta w_i=\alpha_{f8}\cdot(h_0-h_{f8}+\sigma)$，为热段漏汽在汽轮机内做功量。

汽轮机吸热增量为：$\Delta q_0=0$

E. 轴封漏汽⑨回收于＃1

＃1 抽汽份额的增量为：$\Delta\alpha_1=\dfrac{-\alpha_{f9}\cdot(h_{f9}-h_{wc})}{(h_1-h_{wc})}$

凝结水出水份额的增量为：$\Delta A_c=-\alpha_{f9}$

排汽份额的增量为：$\Delta\alpha_c=-\alpha_{f9}$

汽轮机做功增量为：$\Delta w_i=\alpha_{f9}\cdot(h_0-h_{f9}+\sigma)$，为热段漏汽在汽轮机内做功量。

汽轮机吸热增量为：$\Delta q_0=0$

F. 轴封漏汽⑩回收于＃1

＃1 抽汽份额的增量为：$\Delta\alpha_1=\dfrac{-\alpha_{f10}\cdot(h_{f10}-h_{wc})}{(h_1-h_{wc})}$

凝结水出水份额的增量为：$\Delta A_c=-\alpha_{f10}$

排汽份额的增量为：$\Delta\alpha_c=-\alpha_{f10}$

汽轮机做功增量为：$\Delta w_i=\alpha_{f10}\cdot(h_0-h_{f10}+\sigma)$，为热段漏汽在汽轮机内做功量。

汽轮机吸热增量为：$\Delta q_0=0$

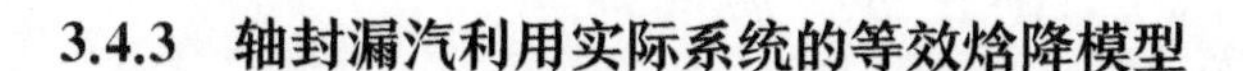

3.4.3 轴封漏汽利用实际系统的等效焓降模型

(1) 情形一：再热冷段漏汽利用于再热冷段(轴封①见图3-7)

轴封漏汽 $\alpha_{f1} \cdot h_{f1}$ 自再热冷段离开，回收于再热冷段的＃7加热器汽侧。

汽轮机做功增量为：

$$\Delta H \uparrow = -\alpha_{f1} \cdot [h_{f1} - h_c + \sigma - (h_{f1} - h_7) \cdot \eta_7 - (h_7 - h_c + \sigma)]$$

汽轮机吸热增量为：

$$\Delta Q \uparrow = -\alpha_{f1} \cdot [\sigma - (h_{f1} - h_7) \cdot \zeta_7 - \sigma]$$

汽轮机效率相对变化率为：

$$\delta\eta_i \uparrow = \frac{\Delta H - \Delta Q \cdot \eta_i}{H + \Delta H}$$

(2) 情形二：再热冷段漏汽利用于再热热段(轴封③见图3-7)

A. 轴封漏汽 $\alpha_{f2} \cdot h_{f2}$ 自再热冷段离开，回收于再热热段的＃4加热器汽侧

汽轮机做功增量为：

$$\Delta H \uparrow = -\alpha_{f2} \cdot [h_{f2} - h_c + \sigma - (h_{f2} - h_4) \cdot \eta_4 - (h_4 - h_c)]$$

汽轮机吸热增量为：

$$\Delta Q \uparrow = -\alpha_{f2} \cdot [\sigma - (h_{f2} - h_4) \cdot \zeta_4 - 0]$$

汽轮机效率相对变化率为：

$$\delta\eta_i \uparrow = \frac{\Delta H - \Delta Q \cdot \eta_i}{H + \Delta H}$$

B. 轴封漏汽 $\alpha_{f3} \cdot h_{f3}$ 自再热冷段离开，回收于再热热段的＃5加热器汽侧

汽轮机做功增量为：

$$\Delta H \uparrow = -\alpha_{f3} \cdot [h_{f3} - h_c + \sigma - (h_{f3} - h_5) \cdot \eta_5 - (h_5 - h_c)]$$

汽轮机吸热增量为：

$$\Delta Q \uparrow = -\alpha_{f3} \cdot [\sigma - (h_{f3} - h_5) \cdot \zeta_5 - 0]$$

汽轮机效率相对变化率为：

$$\delta\eta_i \uparrow = \frac{\Delta H - \Delta Q \cdot \eta_i}{H + \Delta H}$$

C. 轴封漏汽 $\boldsymbol{\alpha_{f4}} \cdot \boldsymbol{h_{f4}}$ 自再热冷段离开，回收于再热热段的＃2 加热器汽侧

汽轮机做功增量为：

$$\Delta H \uparrow = -\alpha_{f4} \cdot [h_{f4} - h_c + \sigma - (h_{f4} - h_2) \cdot \eta_2 - (h_2 - h_c)]$$

汽轮机吸热增量为：

$$\Delta Q \uparrow = -\alpha_{f4} \cdot [\sigma - (h_{f4} - h_2) \cdot \zeta_2 - 0]$$

汽轮机效率相对变化率为：

$$\delta\eta_i \uparrow = \frac{\Delta H - \Delta Q \cdot \eta_i}{H + \Delta H}$$

(3) 情形三：再热热段漏汽利用于再热热段(轴封⑤见图 3-8)

A. 轴封漏汽 $\boldsymbol{\alpha_{f5}} \cdot \boldsymbol{h_{f5}}$ 自再热热段离开，回收于再热热段的＃5 加热器汽侧

汽轮机做功增量为：

$$\Delta H \uparrow = -\alpha_{f5} \cdot [h_{f5} - h_c - (h_{f5} - h_5) \cdot \eta_5 - (h_5 - h_c)]$$

汽轮机吸热增量为：

$$\Delta Q \uparrow = 0$$

汽轮机效率相对变化率为：

$$\delta\eta_i \uparrow = \frac{\Delta H - \Delta Q \cdot \eta_i}{H + \Delta H}$$

B. 轴封漏汽 $\boldsymbol{\alpha_{f6}} \cdot \boldsymbol{h_{f6}}$ 自再热热段离开，回收于再热热段的＃4 加热器汽侧

汽轮机做功增量为：

$$\Delta H \uparrow = -\alpha_{f6} \cdot [h_{f6} - h_c - (h_{f6} - h_4) \cdot \eta_4 - (h_4 - h_c)]$$

汽轮机吸热增量为：

$$\Delta Q \uparrow = 0$$

汽轮机效率相对变化率为：

$$\delta\eta_i \uparrow = \frac{\Delta H - \Delta Q \cdot \eta_i}{H + \Delta H}$$

C. 轴封漏汽 $\alpha_{f7} \cdot h_{f7}$ 自再热热段离开，回收于再热热段的#4 加热器汽侧

汽轮机做功增量为：

$$\Delta H \uparrow = -\alpha_{f7} \cdot [h_{f7} - h_c - (h_{f7} - h_4) \cdot \eta_4 - (h_4 - h_c)]$$

汽轮机吸热增量为：

$$\Delta Q \uparrow = 0$$

汽轮机效率相对变化率为：

$$\delta\eta_i \uparrow = \frac{\Delta H - \Delta Q \cdot \eta_i}{H + \Delta H}$$

D. 轴封漏汽 $\alpha_{f8} \cdot h_{f8}$ 自再热热段离开，回收于再热热段的#4 加热器汽侧

汽轮机做功增量为：

$$\Delta H \uparrow = -\alpha_{f8} \cdot [h_{f8} - h_c - (h_{f8} - h_4) \cdot \eta_4 - (h_4 - h_c)]$$

汽轮机吸热增量为：

$$\Delta Q \uparrow = 0$$

汽轮机效率相对变化率为：

$$\delta\eta_i \uparrow = \frac{\Delta H - \Delta Q \cdot \eta_i}{H + \Delta H}$$

E. 轴封漏汽 $\alpha_{f9} \cdot h_{f9}$ 自再热热段离开，回收于再热热段的#1 加热器汽侧

汽轮机做功增量为：

$$\Delta H \uparrow = -\alpha_{f9} \cdot [h_{f9} - h_c - (h_{f9} - h_1) \cdot \eta_1 - (h_1 - h_c)]$$

汽轮机吸热增量为：

$$\Delta Q \uparrow = 0$$

汽轮机效率相对变化率为：

$$\delta\eta_i \uparrow = \frac{\Delta H - \Delta Q \cdot \eta_i}{H + \Delta H}$$

F. 轴封漏汽 $\alpha_{f10} \cdot h_{f10}$ 自再热热段离开，回收于再热热段的 #1 加热器汽侧

汽轮机做功增量为：

$$\Delta H \uparrow = -\alpha_{f10} \cdot [h_{f10} - h_c - (h_{f10} - h_1) \cdot \eta_1 - (h_1 - h_c)]$$

汽轮机吸热增量为：

$$\Delta Q \uparrow = 0$$

汽轮机效率相对变化率为：

$$\delta\eta_i \uparrow = \frac{\Delta H - \Delta Q \cdot \eta_i}{H + \Delta H}$$

(4) 带疏水泵表面式加热器出水焓改变及其影响

由于轴封漏汽 $\alpha_{fj} \cdot h_{fj}$ 进出热力系统，造成混合点前后相邻加热器抽汽份额的改变，由此混合点热平衡关系相应改变，并引起混合点后出水焓 h'_{w2} 的变化。

当 #2 加热器出水焓降低时，#3 加热器给水吸热 τ_3 增加，#2 加热器给水吸热 τ_2 下降。

汽轮机做功增量为：

$$\Delta H \uparrow = A_2 \cdot \Delta h_{w2} \cdot (\eta_3 - \eta_2)$$

式中，$\Delta h_{w2} = h'_{w2\_new} - h'_{w2\_org}$，是新焓值与基准焓值的偏差；

A_2 为基准系统下 #2 加热器的出水份额。

汽轮机吸热增量为：$\Delta Q \uparrow = 0$

汽轮机效率相对变化率为：$\delta\eta_i \uparrow = \dfrac{\Delta H - \Delta Q \cdot \eta_i}{H + \Delta H}$

3.4.4 轴封漏汽利用实际系统的定量分析

(1) 轴封漏汽利用实际系统的简捷热平衡计算汇总(表 3-15)

表 3-15 轴封漏汽利用实际系统的简捷热平衡计算简表

基准系统热平衡									
序号	符号	#8 SC/F/DC	#7 高排 SC/F/DC	#6 SC/F	#5 C	#4 中排 SC/F	#3 F	#2 F(P)	#1 F(W)
1	α_j	0.052 261	0.064 455	0.040 947	0.003 923	0.042 178	0.019 989	0.038 841	0.047 73
2	h'_{w2}/(kJ/kg)	$h'_{w2} = 439.8 + (B_2 + \alpha_2)/A_2 \times (h_{d_2} - 439.8)$						441.328 680 6	
3	w_{ij}/(kJ/kg)	15.448 4	25.350 34	22.692 86	2.593 22	32.553 01	19.125 07	40.701 56	59.419 43

(续表)

序号	名称	数值	回热功	凝汽功	凝汽份额	凝水份额	附加 1	附加 2	附加 3
1	$q_0/(\mathrm{kJ/kg})$	2 835.615			0.689 675	0.689 675			
2	$q_c/(\mathrm{kJ/kg})$	1 584.46							
3	$w_i/(\mathrm{kJ/kg})$	1 251.155	217.883 9	1 033.271					
4	η_i	0.441 229			与基准系统效率相对变化率			0	

轴封漏汽利用实际系统热平衡

序号	符号	#8 SC/F/DC	#7 高排 SC/F/DC	#6 SC/F	#5 C	#4 中排 SC/F	#3 F	#2 F(P)	#1 F(W)
1	α_j	0.052 261	0.061 096	0.040 969	0.003 486	0.029 334	0.020 054	0.036 398	0.046 164
2	$h'_{w2}/(\mathrm{kJ/kg})$	$h'_{w2}=439.8+(B_2+\alpha_2)/A_2\times(h_{d2}-439.8)$						441.328 680 6	
3	$w_{ij}/(\mathrm{kJ/kg})$	15.448 4	24.029	22.704 8	2.304 35	22.639 83	19.188 03	38.141 31	57.469 25

序号	名称	数值	回热功	凝汽功	凝汽份额	凝水份额	附加 1	附加 2	附加 3
1	$q_0/(\mathrm{kJ/kg})$	2 831.713			0.690 918	0.690 918	−1.427 95	−4.163 18	0
2	$q_c/(\mathrm{kJ/kg})$	1 587.316							
3	$w_i/(\mathrm{kJ/kg})$	1 244.397	201.925	1 035.134				2.720 137	4.617 791
4	η_i	0.439 45			与基准系统效率相对变化率			−0.004 047 462	

由表 3-15 可见，轴封漏汽利用系统属于蒸汽工质带热量进出汽轮机热力系统，改变了#7、#5、#4、#2 和#1 加热器的热平衡及其相邻加热器出水和疏水份额，引起汽轮机吸热量和汽轮机做功量的改变；此外，由于轴封漏汽的影响，混合点后焓值发生改变。

考虑上述 10 股轴封漏汽（离开汽轮机热力系统）与回收利用（进入汽轮机热力系统）等辅助成分影响后，汽轮机内效率相对于基准系统的内效率下降了 0.4%。

轴封漏汽利用实际系统的简捷热平衡计算汇总表见附表 3-15。

(2) 轴封漏汽利用实际系统的等效焓降计算汇总(表 3-16)

表 3-16 轴封漏汽利用实际系统的等效焓降计算简表

基准系统等效焓降

序号	符号	#8 SC/F/DC	#7 高排 SC/F/DC	#6 SC/F	#5 C	#4 中排 SC/F	#3 F	#2 F(P)	#1 F(W)
1	$H_j/(\mathrm{kJ/kg})$	977.954 9	943.644 5	816.580 1	752.468 3	650.177 9	488.899 1	433.904 6	253.3
2	η_j	0.465 051	0.438 986	0.314 166	0.284 778	0.257 547	0.198 836	0.168 011	0.099 306
3	$\Delta Q_j/(\mathrm{kJ/kg})$	469.024 3	502.8	0	0	0	0	0	0
4	ξ_j	0.223 037	0.233 904	0	0	0	0	0	0
5	$H_0/(\mathrm{kJ/kg})$	1 251.155							
6	η_i	0.441 229							

（续表）

轴封漏气利用实际系统等效焓降									
1	H_j/(kJ/kg)	977.953 6	943.643 1	816.578 7	752.466 8	650.177 9	488.899 1	433.904 6	253.3
2	η_j	0.465 05	0.438 985	0.314 165	0.284 777	0.257 547	0.198 836	0.168 011	0.099 306
3	ΔQ_j/(kJ/kg)	469.024 3	502.8	0	0	0	0	0	0
4	ξ_j	0.223 037	0.233 904	0	0	0	0	0	0

局部定量						
序号	名称	做功增量/(kJ/kg)	吸热增量/(kJ/kg)	相对变化	发电热耗率偏差/(kJ/(k·Wh))	发电标煤耗偏差/(kg/(k·Wh))
1	α_{f1}	−0.626 64	0.261 264	−0.000 593 281	5.590 272 489	0.191 000 977
2	α_{f2}	−2.619 16	−2.891 1	−0.001 076 077	10.139 486 67	0.346 432 461
3	α_{f3}	−0.123 19	−0.100 56	−6.300 37E−05	0.593 661 266	0.020 283 427
4	α_{f4}	−1.556 71	−1.171 52	−0.000 832 108	7.840 650 729	0.267 888 9
5	α_{f5}	−0.044 04	0	−3.519 83E−05	0.331 660 82	0.011 331 745
6	α_{f6}	−0.355 98	0	−0.000 284 602	2.681 697 394	0.091 624 661
7	α_{f7}	−1.095 97	0	−0.000 876 736	8.261 164 46	0.282 256 452
8	α_{f8}	−0.243 82	0	−0.000 194 915	1.836 614 35	0.062 750 99
9	α_{f9}	−0.042 06	0	−3.361 57E−05	0.316 748 259	0.010 822 232
10	α_{f10}	−0.049 45	0	−3.952 14E−05	0.372 395 423	0.012 723 51
11	dh'_{w2}	−0.001 28	0	−1.023 33E−06	0.009 642 441	0.000 329 45
12	和总	−6.758 29	−3.901 92	−0.004 047 462	38.137 766 54	1.303 040 357

由表 3-16 与表 3-15 对比可知：①等效焓降局部定量计算结果与简捷热平衡计算结果（和总效率的相对变化率）完全相同，与基准系统比热耗率增加 38.1 kJ/(k·Wh)；②等效焓降可以实现局部定量分析，其中，轴封②使热耗率增加 10.1 kJ/(k·Wh)、轴封⑦使热耗率增加 8.3 kJ/(k·Wh)、轴封④使热耗率增加7.8 kJ/(k·Wh)、轴封①使热耗率增加 5.6 kJ/(k·Wh)。

轴封漏汽利用实际系统的等效焓降计算汇总表见附表 3-16。

(3) 原始轴封漏汽利用实际系统的等效焓降计算汇总

前述轴封漏汽利用系统是经过优化后的系统，原始轴封漏汽利用实际系统的局部定量结果见表 3-17。

表 3-17 原始轴封漏汽利用实际系统的等效焓降计算简表

局部定量						
序号	名称	做功增量/(kJ/kg)	吸热增量/(kJ/kg)	效率相对变化	发电热耗率偏差/(kJ/(k·Wh))	发电标煤耗偏差/(kg/(k·Wh))
1	α_{f1}	−1.749 29	−1.427 95	−0.000 895 817	8.440 961 621	0.288 399 522
2	α_{f2}	−2.619 16	−2.891 1	−0.001 076 077	10.139 486 67	0.346 432 461
3	α_{f3}	−0.191 26	−0.100 56	−0.000 117 424	1.106 446 124	0.037 803 576
4	α_{f4}	−2.001 95	−1.171 52	−0.001 188 834	11.201 957 01	0.382 733 531

（续表）

序号	名称	做功增量/(kJ/kg)	吸热增量/(kJ/kg)	效率相对变化	发电热耗率偏差/(kJ/(k·Wh))	发电标煤耗偏差/(kg/(k·Wh))
5	α_{f5}	−0.044 04	0	−3.519 83E−05	0.331 660 82	0.011 331 745
6	α_{f6}	−0.355 98	0	−0.000 284 602	2.681 697 394	0.091 624 661
7	α_{f7}	−2.124 02	0	−0.001 700 533	16.023 506 14	0.547 469 793
8	α_{f8}	−0.721 91	0	−0.000 577 325	5.439 922 871	0.185 864 031
9	α_{f9}	−0.042 06	0	−3.361 57E−05	0.316 748 259	0.010 822 232
10	α_{f10}	0.096 921	0	7.745 91E−05	−0.729 869 518	−0.024 937 209
11	dh'_{w2}	−0.001 28	0	−1.023 33E−06	0.009 642 441	0.000 329 45
12	和总	−9.754 02	−5.591 14	−0.005 870 019	55.311 061 79	1.889 794 611

对比表3-17和表3-16可见，由于调整轴封漏汽与利用系统取得了较好的节能效益，原系统与基准系统比，使热耗率增加55.3 kJ/(k·Wh)；调整后的系统与基准系统比，使热耗率增加38.1 kJ/(k·Wh)。

3.4.5　主要结论

为了说明新旧轴封漏汽利用系统的经济性，分别由其与基准系统效率的相对变化率计算其汽轮机内效率，见表3-18。

表3-18　新旧轴封漏汽利用系统经济性对比表

序号	名称	新效率	原效率	变化率	发电热耗率偏差/(kJ/(k·Wh))	发电标煤耗偏差/(kg/(k·Wh))
1	α_{f1}	0.440 967	0.440 834	0.000 302 265	−2.848 137 721	−0.097 311 372
2	α_{f2}	0.440 755	0.440 755	0	0	0
3	α_{f3}	0.441 201	0.441 177	5.441 41E−05	−0.512 724 651	−0.017 518 092
4	α_{f4}	0.440 862	0.440 705	0.000 356 303	−3.357 314 985	−0.114 708 262
5	α_{f5}	0.441 213	0.441 213	0	0	0
6	α_{f6}	0.441 103	0.441 103	0	0	0
7	α_{f7}	0.440 842	0.440 48	0.000 822 399	−7.749 163 969	−0.264 763 102
8	α_{f8}	0.441 143	0.440 974	0.000 382 189	−3.601 229 442	−0.123 042 006
9	α_{f9}	0.441 214	0.441 214	0	0	0
10	α_{f10}	0.441 211	0.441 263	−0.000 116 99	1.102 350 328	0.037 663 636
11	和总	0.439 45	0.438 654	0.001 811 921	−17.073 075 98	−0.583 330 096

由表3-18可见：①新系统比旧系统使内效率上升0.18%、热耗率下降17.1 kJ/(k·Wh)、发电标煤耗下降0.58 kg/(k·Wh)；②局部定量结果表明，轴封⑦使热耗率下降7.7 kJ/(k·Wh)、轴封⑧使热耗率下降3.6 kJ/(k·Wh)、轴封④使热耗率下降3.4 kJ/(k·Wh)、轴封①使热耗率下降2.8 kJ/(k·Wh)；③轴封

⑩的改进效果是负面的，但根据其参数(位于低压缸后轴封)，原方案引入＃2 加热器是难以实现的。

3.5 加热器散热实际系统分析

加热器散热损失是指汽轮机热力系统中回热加热器的抽汽管道以及加热器本体因保温不良造成的热量损失。

3.5.1 机理分析与参量计算

加热器保温性能退化，可以通过各加热器热利用系数的改变来表示。

加热器的热量利用系数是指加热器内抽汽放热量和疏水放热量得到有效利用的程度。

根据加热器的热平衡方程，有：

$$\alpha_j=\frac{A_j\cdot\tau_j-B_j\cdot\gamma_j\cdot\eta_{hj}}{q_j\cdot\eta_{hj}}=\frac{A_j\cdot\tau_j/\eta_{hj}-B_j\cdot\gamma_j}{q_j}$$

式中，η_{hj} 是 j 级加热器热量利用系数，在基准系统中 $\eta_{hj}=1$。

散热损失只涉及加热器吸热量的改变，例如，我们认为由于散热损失的存在，则各加热器需要多吸收一部分热量，并转化为等量的附加冷源损失。

考虑到低压加热器抽汽管道容积流量大，散热面积和散热损失均相应增大，故取各加热器热量利用系数依次降低(抽汽压力较低的加热器，其热量利用系数较低)。

本算例中，各级加热器热量利用系数见表 3-19。

表 3-19 各级加热器热量利用系数计算表

序号	名称	＃8	＃7	＃6	＃5	＃4	＃3	＃2	＃1
1	热利用系数	0.98	0.97	0.96	0.95	0.94	0.93	0.92	0.91
2	散热量/(kJ/kg)	2.242 857	4.518 557	4.958 333	1.789 474	6.753 721	4.044 836	9.830 899	11.840 08
3	抽汽份额增量	0.001 067	0.002 102	0.001 908	0.000 677	0.002 675	0.001 645	0.003 807	0.004 642

在表 3-19 中，散热量 Δq_{fj} 和抽汽份额增量 $\Delta\alpha_j$ 见简捷热平衡模型。

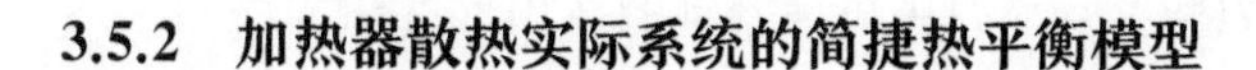

3.5.2　加热器散热实际系统的简捷热平衡模型

各加热器损失热量为：

$$\Delta q_{fj} = A_j \cdot \tau_j \cdot \left(\frac{1}{\eta_{hj}} - 1\right) \quad j = 8,\ 7,\ \cdots,\ 1$$

各加热器抽汽份额的增量为：

$$\Delta \alpha_j = \frac{\Delta q_{fj}}{q_j} \quad j = 8,\ 7,\ \cdots,\ 1$$

汽轮机放热损失的增量为：

$$\Delta q_c = \sum_{j=1}^{8} \Delta q_{fj}$$

3.5.3　加热器散热实际系统的等效焓降模型

(1) 再热冷段加热器散热实际系统的等效焓降模型

A. ♯8 加热器散热损失

汽轮机做功增量为：$\Delta H \uparrow = -\Delta q_{f8} \cdot \eta_8$

汽轮机吸热增量为：$\Delta Q \uparrow = -\Delta q_{f8} \cdot \zeta_8$

汽轮机效率相对变化率为：$\delta \eta_i \uparrow = \dfrac{\Delta H - \Delta Q \cdot \eta_i}{H + \Delta H}$

B. ♯7 加热器散热损失

汽轮机做功增量为：$\Delta H \uparrow = -\Delta q_{f7} \cdot \eta_7$

汽轮机吸热增量为：$\Delta Q \uparrow = -\Delta q_{f7} \cdot \zeta_7$

汽轮机效率相对变化率为：$\delta \eta_i \uparrow = \dfrac{\Delta H - \Delta Q \cdot \eta_i}{H + \Delta H}$

(2) 再热热段加热器散热实际系统的等效焓降模型

汽轮机做功增量为：$\Delta H \uparrow = -\Delta q_{fj} \cdot \eta_j \quad (j = 6,5,4,3,2,1)$

汽轮机吸热增量为：$\Delta Q \uparrow = 0$

汽轮机效率相对变化率为：$\delta \eta_i \uparrow = \dfrac{\Delta H - \Delta Q \cdot \eta_i}{H + \Delta H}$

(3) 带疏水泵表面式加热器出水焓改变及其影响

由于加热器散热损失 q_{fj}，造成混合点前后相邻加热器抽汽份额的改变，混合点热平衡关系相应改变，并引起混合点后出水焓 h'_{w2} 的变化。

当#2加热器出水焓降低时，#3加热器给水吸热 τ_3 增加，#2加热器给水吸热 τ_2 下降。

汽轮机做功增量为：

$$\Delta H\uparrow = A_2 \cdot \Delta h_{w2} \cdot (\eta_3 - \eta_2)$$

式中，$\Delta h_{w2} = h'_{w2\_new} - h'_{w2\_org}$，是新焓值与基准焓值的偏差；

A_2 为基准系统下#2加热器的出水份额。

汽轮机吸热增量为：$\Delta Q\uparrow = 0$

汽轮机效率相对变化率为：$\delta\eta_i\uparrow = \dfrac{\Delta H - \Delta Q \cdot \eta_i}{H + \Delta H}$

3.5.4 加热器散热实际系统的定量分析

(1) 加热器散热实际系统的简捷热平衡计算汇总(表3-20)

表3-20 加热器散热实际系统的简捷热平衡计算简表

基准系统热平衡									
序号	符号	#8 SC/F/DC	#7高排 SC/F/DC	#6 SC/F	#5 C	#4中排 SC/F	#3 F	#2 F(P)	#1 F(W)
1	α_j	0.052 261	0.064 455	0.040 947	0.003 923	0.042 178	0.019 989	0.038 841	0.047 73
2	h'_{w2}/(kJ/kg)	$h'_{w2} = 439.8 + (B_2 + \alpha_2)/A_2 \times (h_{d2} - 439.8)$						441.378 220 4	
3	w_{ij}/(kJ/kg)	15.448 4	25.350 34	22.692 86	2.593 22	32.553 01	19.125 07	40.701 56	59.419 43
序号	名称	数值	回热功	凝汽功	凝汽份额	凝水份额	附加1	附加2	附加3
1	q_0/(kJ/kg)	2 835.615			0.689 675	0.689 675			
2	q_c/(kJ/kg)	1 584.46							
3	w_i/(kJ/kg)	1 251.155	217.883 9	1 033.271					
4	η_i	0.441 229			与基准系统效率相对变化率			0	
散热损失工况热平衡									
序号	符号	#8 SC/F/DC	#7高排 SC/F/DC	#6 SC/F	#5 C	#4中排 SC/F	#3 F	#2 F(P)	#1 F(W)
1	α_j	0.053 328	0.066 486	0.042 726	0.004 324	0.044 588	0.021 337	0.042 097	0.051 577
2	h'_{w2}/(kJ/kg)	$h'_{w2} = 439.8 + (B_2 + \alpha_2)/A_2 \times (h_{d2} - 439.8)$						441.498 504 4	
3	w_{ij}/(kJ/kg)	15.763 67	26.148 89	23.678 96	2.858 021	34.412 9	20.415 48	44.113 13	64.207 73
序号	名称	数值	回热功	凝汽功	凝汽份额	凝水份额	附加1	附加2	附加3
1	q_0/(kJ/kg)	2 834.058			0.673 538	0.673 538			
2	q_c/(kJ/kg)	1 593.365					45.978 76		
3	w_i/(kJ/kg)	1 240.693	231.598 8	1 009.094					
4	η_i	0.437 78			与基准系统效率相对变化率			−0.007 878 637	

由表 3-20 可见，考虑散热损失等辅助成分后，汽轮机内效率相对于基准系统的内效率下降了 0.79%。

加热器散热实际系统的简捷热平衡计算汇总表见附表 3-20。

(2) 加热器散热实际系统的等效焓降计算汇总(表 3-21)

表 3-21　加热器散热实际系统的等效焓降计算简表

基准系统等效焓降									
序号	符号	#8 SC/F/DC	#7 高排 SC/F/DC	#6 SC/F	#5 C	#4 中排 SC/F	#3 F	#2 F(P)	#1 F(W)
1	H_j/(kJ/kg)	977.954 9	943.644 5	816.580 1	752.468 3	650.177 9	488.899 1	433.904 6	253.3
2	η_j	0.465 051	0.438 986	0.314 166	0.284 778	0.257 547	0.198 836	0.168 011	0.099 306
3	ΔQ_j/(kJ/kg)	469.024 3	502.8	0	0	0	0	0	0
4	ξ_j	0.223 037	0.233 904	0	0	0	0	0	0
5	H_0/(kJ/kg)	1 251.155							
6	η_i	0.441 229							
轴封漏汽利用实际系统等效焓降									
1	H_j/(kJ/kg)	977.958	943.647 8	816.583 6	752.472	650.177 9	488.899 1	433.904 6	253.3
2	η_j	0.465 052	0.438 988	0.314 167	0.284 779	0.257 547	0.198 836	0.168 011	0.099 306
3	ΔQ_j/(kJ/kg)	469.024 3	502.8	0	0	0	0	0	0
4	ξ_j	0.223 037	0.233 904	0	0	0	0	0	0

局部定量						
序号	名称	做功增量/(kJ/kg)	吸热增量/(kJ/kg)	相对变化	发电热耗率偏差/(kJ/(k·Wh))	发电标煤耗偏差/(kg/(k·Wh))
1	#8	−1.043 05	−0.500 24	−0.000 657 801	6.198 221 052	0.211 772 553
2	#7	−1.983 59	−1.056 91	−0.001 214 607	11.444 797 49	0.391 030 581
3	#6	−1.557 75	0	−0.001 246 598	11.746 245 23	0.401 330 045
4	#5	−0.509 6	0	−0.000 407 473	3.839 474 593	0.131 182 049
5	#4	−1.739 4	0	−0.001 392 172	13.117 934 86	0.448 196 108
6	#3	−0.804 26	0	−0.000 643 228	6.060 905 106	0.207 080 924
7	#2	−1.651 7	0	−0.001 321 882	12.455 620 15	0.425 567 022
8	#1	−1.175 79	0	−0.000 940 649	8.863 397 039	0.302 832 732
9	dh'_{w2}	0.003 109	0	2.484 66E-06	−0.023 412 029	−0.000 799 911
10	和总	−10.462	−1.557 15	−0.007 878 637	74.237 543 98	2.536 449 419

由表 3-21 与表 3-20 对比可见：①等效焓降局部定量计算结果与简捷热平衡计算结果(和总效率的相对变化率)完全相同，与基准系统比热耗率增加 74.2 kJ/(k·Wh)；②等效焓降可以实现局部定量分析，其中，#2 散热损失使热耗率增加 12.5 kJ/(k·Wh)、#6 散热损失使热耗率增加 11.7 kJ/(k·Wh)、#7 散热损失使热耗率增加 11.4 kJ/(k·Wh)、#1 散热损失使热耗率增加 8.9 kJ/(k·Wh)。

加热器散热实际系统的等效焓降计算汇总表见附表 3-21。

3.5.5 主要结论

根据加热器散热损失实际系统的等效焓降算法模型，散热损失对汽轮机内效率的主要影响因素分析如下：

① 出水份额大的加热器。

② 相邻加热器抽汽效率相差较大的加热器。

③ 散热损失较大(热量利用系数较低)的加热器。

具体而言，高压加热器的散热损失较大，算例中由于低加热量利用系数较低，低加散热损失对汽轮机内效率的影响亦较大。

3.6 合成实际系统分析

上面单独就各个辅助成分做了分析，下面将给水泵(含凝结水泵)、轴封漏汽利用以及加热器散热损失合成为实际系统进行辅助成分及其影响的和总分析。

3.6.1 基于电动给水泵合成实际系统的定量分析

以 N200MW 机组原配用电动给水泵为例，本小节分析包含电动给水泵、轴封漏汽利用系统和加热器散热损失合成的实际系统。

(1) 基于电动给水泵合成实际系统的简捷热平衡计算汇总(表 3-22)

表 3-22 基于电动给水泵合成实际系统的简捷热平衡计算简表

基准系统热平衡									
序号	符号	#8 SC/F/DC	#7 高排 SC/F/DC	#6 SC/F	#5 C	#4 中排 SC/F	#3 F	#2 F(P)	#1 F(W)
1	α_j	0.052 261	0.064 455	0.040 947	0.003 923	0.042 178	0.019 989	0.038 841	0.047 73
2	$h'_{w2}/(\mathrm{kJ/kg})$	$h'_{w2}=439.8+(B_2+\alpha_2)/A_2\times(h_{d_2}-439.8)$						441.378 220 4	
3	$w_{ij}/(\mathrm{kJ/kg})$	15.448 4	25.350 34	22.692 86	2.593 22	32.553 01	19.125 07	40.701 56	59.419 43
序号	名称	数值	回热功	凝汽功	凝汽份额	凝水份额	附加 1	附加 2	附加 3
1	$q_0/(\mathrm{kJ/kg})$	2 835.615			0.689 675	0.689 675			
2	$q_c/(\mathrm{kJ/kg})$	1 584.46							
3	$w_i/(\mathrm{kJ/kg})$	1 251.155	217.883 9	1 033.271					
4	η_i	0.441 229			与基准系统效率相对变化率			0	

（续表）

基于电动给水泵实际系统热平衡									
序号	符号	#8 SC/F/DC	#7 高排 SC/F/DC	#6 SC/F	#5 C	#4 中排 SC/F	#3 F	#2 F(P)	#1 F(W)
1	α_j	0.053 328	0.063 126	0.035 331	0.004 308	0.032 12	0.021 584	0.040 008	0.050 142
2	h'_{w2}/(kJ/kg)			$h'_{w2}=439.8+(B_2+\alpha_2)/A_2\times(h_{d2}-439.8)$				441.449 062 3	
3	w_{ij}/(kJ/kg)	15.763 67	24.827 56	19.580 25	2.847 291	24.789 96	20.651 96	41.923 98	62.421 39
序号	名称	数值	回热功	凝汽功	凝汽份额	凝水份额	附加 1	附加 2	附加 3
1	q_0/(kJ/kg)	2 830.156			0.680 734	0.680 734			
2	q_c/(kJ/kg)	1 610.613							
3	w_i/(kJ/kg)	1 219.543	212.806 1	1 019.876					
4	η_i	0.430 91			与基准系统效率相对变化率			−0.023 946 644	

由表 3-22 可见，受到电动给水泵、电动凝水泵、轴封漏汽和加热器散热损失等附加损失等辅助成分和总的共同影响，基于电动给水泵实际系统比基准系统汽轮机内效率下降 2.4%。由于简捷热平衡是整体计算，故无法确定上述诸因素对汽轮机内效率影响所占比重。

基于电动给水泵合成实际系统的简捷热平衡计算汇总表见附表 3-22。

由表 3-23 可见，机组发电标煤耗率和供电标煤耗率较基准系统分别增加了 7.8 g/(k · Wh)和 8.2 g/(k · Wh)。

表 3-23　基于电动给水泵合成实际系统的经济性指标

机组经济性指标									
序号	名称	热效率	热耗率/(kJ/(k · Wh))	煤耗率/(kg/(k · Wh))	机械效率	电机效率	锅炉效率	管道效率	厂电效率
1	汽机	0.430 91	8 354.412						
2	机电	0.413 846	8 698.888	3.073 643	0.98	0.98			
3	机组发电	0.373 124	9 648.279	0.329 65			0.92	0.98	
4	机组供电	0.354 467	10 156.08	0.346 999					0.05

(2) 基于电动给水泵合成实际系统的等效焓降计算汇总(表 3-24)

表 3-24　基于电动给水泵合成实际系统的等效焓降计算简表

基准系统等效焓降									
序号	符号	#8 SC/F/DC	#7 高排 SC/F/DC	#6 SC/F	#5 C	#4 中排 SC/F	#3 F	#2 F(P)	#1 F(W)
1	H_j/(kJ/kg)	977.954 9	943.644 5	816.580 1	752.468 3	650.177 9	488.899 1	433.904 6	253.3
2	η_j	0.465 051	0.438 986	0.314 166	0.284 778	0.257 547	0.198 836	0.168 011	0.099 306
3	ΔQ_j/(kJ/kg)	469.024 3	502.8	0	0	0	0	0	0

（续表）

序号	符号	#8 SC/F/DC	#7 高排 SC/F/DC	#6 SC/F	#5 C	#4 中排 SC/F	#3 F	#2 F(P)	#1 F(W)
4	ξ_j	0.223 037	0.233 904	0	0	0	0	0	0
5	H_0/(kJ/kg)	1 251.155							
6	η_i	0.441 229							
基于电动给水泵合成实际系统等效焓降									
1	H_j/(kJ/kg)	977.956 7	943.646 4	816.582 2	752.470 5	650.177 9	488.899 1	433.904 6	253.3
2	η_j	0.465 051	0.438 987	0.314 167	0.284 779	0.257 547	0.198 836	0.168 011	0.099 306
3	ΔQ_j/(kJ/kg)	469.024 3	502.8	0	0	0	0	0	0
4	ξ_j	0.223 037	0.233 904	0	0	0	0	0	0

局部定量

序号	名称	做功增量/(kJ/kg)	吸热增量/(kJ/kg)	相对变化	发电热耗率偏差/(kJ/(k·Wh))	发电标煤耗偏差/(kg/(k·Wh))
1	漏汽 1	−0.626 64	0.261 264	−0.000 593 28	5.590 259 344	0.191 000 528
2	漏汽 2	−2.619 16	−2.891 1	−0.001 076 077	10.139 486 67	0.346 432 461
3	漏汽 3	−0.123 19	−0.100 56	−6.300 37E-05	0.593 660 931	0.020 283 415
4	漏汽 4	−1.556 71	−1.171 52	−0.000 832 108	7.840 650 729	0.267 888 9
5	漏汽 5	−0.044 04	0	−3.519 82E-05	0.331 660 169	0.011 331 722
6	漏汽 6	−0.355 98	0	−0.000 284 602	2.681 697 394	0.091 624 661
7	漏汽 7	−1.095 97	0	−0.000 876 736	8.261 164 46	0.282 256 452
8	漏汽 8	−0.243 82	0	−0.000 194 915	1.836 614 35	0.062 750 99
9	漏汽 9	−0.042 06	0	−3.361 57E-05	0.316 748 259	0.010 822 232
10	漏汽 10	−0.049 45	0	−3.952 14E-05	0.372 395 423	0.012 723 51
11	给水泵	−13.615 6	0	−0.011 002 146	103.669 238 4	3.542 032 311
12	凝结水泵	−0.727 01	0	−0.000 581 408	5.478 399 652	0.187 178 655
13	#8	−1.043 04	−0.500 24	−0.000 657 8	6.198 210 711	0.211 772 199
14	#7	−1.983 59	−1.056 91	−0.001 214 604	11.444 775 62	0.391 029 834
15	#6	−1.557 74	0	−0.001 246 596	11.746 224 52	0.401 329 338
16	#5	−0.509 6	0	−0.000 407 473	3.839 466 813	0.131 181 783
17	#4	−1.755 06	0	−0.001 404 725	13.236 215 02	0.452 237 347
18	#3	−0.812 12	0	−0.000 649 521	6.120 203 827	0.209 106 964
19	#2	−1.665 96	0	−0.001 333 314	12.563 335 22	0.429 247 287
20	#1	−1.187 75	0	−0.000 950 221	8.953 590 16	0.305 914 33
21	dh'_{w2}	0.001 831	0	1.463 35E-06	−0.013 788 653	−0.000 471 112
22	和总	−31.612 6	−5.459 07	−0.023 946 644	225.640 559 3	7.709 385 775

由表 3-24 与表 3-22 对比可见：①等效焓降局部定量计算结果与简捷热平衡计算结果（和总效率的相对变化率）完全相同，与基准系统比热耗率增加 225.6 kJ/(k·Wh)；②等效焓降可以实现局部定量分析，其中，电动给水泵使热耗率增加 103.7 kJ/(k·Wh)、#4 散热损失使热耗率增加 13.2 kJ/(k·Wh)、#2 散热损失使热耗率增加 12.6 kJ/(k·Wh)、#6 散热损失使热耗率增加 11.7 kJ/(k·Wh)、#7 是散热损失使热耗率增加 11.4 kJ/(k·Wh)。

基于电动给水泵合成实际系统的等效焓降计算汇总表见附表 3-24。

3.6.2　基于汽动给水泵合成实际系统的简捷热平衡计算汇总

以 N200MW 机组原配用电动给水泵为例,为了示范目前大机组标准配置的汽动给水泵方案,本小节分析包含汽动给水泵、轴封漏汽利用系统和加热器散热损失的实际系统。

(1) 基于汽动给水泵合成实际系统的简捷热平衡计算汇总(表 3-25)

表 3-25　基于汽动给水泵合成实际系统的简捷热平衡计算简表

基准系统热平衡									
序号	符号	#8 SC/F/DC	#7 高排 SC/F/DC	#6 SC/F	#5 C	#4 中排 SC/F	#3 F	#2 F(P)	#1 F(W)
1	α_j	0.052 261	0.064 455	0.040 947	0.003 923	0.042 178	0.019 989	0.038 841	0.047 73
2	h'_{w2}/(kJ/kg)			$h'_{w2}=439.8+(B_2+\alpha_2)/A_2\times(h_{d2}-439.8)$				441.378 220 4	
3	w_{ij}/(kJ/kg)	15.448 4	25.350 34	22.692 86	2.593 22	32.553 01	19.125 07	40.701 56	59.419 43
序号	名称	数值	回热功	凝汽功	凝汽份额	凝水份额	附加 1	附加 2	附加 3
1	q_0/(kJ/kg)	2 835.615			0.689 675	0.689 675			
2	q_c/(kJ/kg)	1 584.46							
3	w_i/(kJ/kg)	1 251.155	217.883 9	1 033.271					
4	η_i	0.441 229			与基准系统效率相对变化率			0	
基于汽动给水泵实际系统热平衡									
序号	符号	#8 SC/F/DC	#7 高排 SC/F/DC	#6 SC/F	#5 C	#4 中排 SC/F	#3 F	#2 F(P)	#1 F(W)
1	α_j	0.053 328	0.063 126	0.035 331	0.004 308	0.032 12	0.021 584	0.040 008	0.050 142
2	h'_{w2}/(kJ/kg)			$h'_{w2}=439.8+(B_2+\alpha_2)/A_2\times(h_{d2}-439.8)$				441.449 062 3	
3	w_{ij}/(kJ/kg)	15.763 67	24.827 56	19.580 25	2.847 291	24.789 96	20.651 96	41.923 98	62.421 39
序号	名称	数值	回热功	凝汽功	凝汽份额	凝水份额	附加 1	附加 2	附加 3
1	q_0/(kJ/kg)	2 830.156			0.654 049	0.680 734			
2	q_c/(kJ/kg)	1 613.282							
3	w_i/(kJ/kg)	1 216.874	212.806 1	979.896 4					
4	η_i	0.429 967			与基准系统效率相对变化率			−0.026 192 095	

由表 3-25 可见,受到汽动给水泵、电动凝水泵、轴封漏汽和加热器散热损失等附加损失的共同影响,基于汽动给水泵实际系统比基准系统汽轮机内效率下降 2.6%。由于简捷热平衡是整体计算,故无法确定上述诸因素对汽轮机内效率影响所占比重。

基于汽动给水泵合成实际系统的简捷热平衡计算汇总表见附表 3-25。

基于汽动给水泵合成实际系统的经济性指标见表 3-26。

表 3-26 基于汽动给水泵合成实际系统的经济性指标

机组经济性指标									
序号	名称	热效率	热耗率/(kJ/(k·Wh))	煤耗率/(kg/(k·Wh))	机械效率	电机效率	锅炉效率	管道效率	厂电效率
1	汽机	0.429 967	8 372.733						
2	机电	0.412 94	8 717.964	3.080 383	0.98	0.98			
3	机组发电	0.372 307	9 669.437	0.330 372			0.92	0.98	
4	机组供电	0.359 711	10 008.05	0.341 942					0.033 834

由表 3-26 可见，汽动给水泵实际系统相比于基准系统，发电标煤耗率和供电标煤耗率较基准系统增加了 8.5 g/(k·Wh)和 3.1 g/(k·Wh)，发电标煤耗率和供电标煤耗率相比于电动给水泵实际系统分别增加了 0.7 g/(k·Wh)和−5.1 g/(k·Wh)，汽动给水泵方案具有较好的经济效益。

(2) 基于汽动给水泵合成实际系统的等效焓降计算汇总(表 3-27)

表 3-27 基于汽动给水泵合成实际系统的等效焓降计算简表

基准系统等效焓降									
序号	符号	#8 SC/F/DC	#7 高排 SC/F/DC	#6 SC/F	#5 C	#4 中排 SC/F	#3 F	#2 F(P)	#1 F(W)
1	H_j/(kJ/kg)	977.954 9	943.644 5	816.580 1	752.468 3	650.177 9	488.899 1	433.904 6	253.3
2	η_j	0.465 051	0.438 986	0.314 166	0.284 778	0.257 547	0.198 836	0.168 011	0.099 306
3	ΔQ_j/(kJ/kg)	469.024 3	502.8	0	0	0	0	0	0
4	ξ_j	0.223 037	0.233 904	0	0	0	0	0	0
5	H_0/(kJ/kg)	1 251.155							
6	η_i	0.441 229							
基于汽动给水泵合成实际系统等效焓降									
1	H_j/(kJ/kg)	977.956 7	943.646 4	816.582 2	752.470 5	650.177 9	488.899 1	433.904 6	253.3
2	η_j	0.465 051	0.438 987	0.314 167	0.284 779	0.257 547	0.198 836	0.168 011	0.099 306
3	ΔQ_j/(kJ/kg)	469.024 3	502.8	0	0	0	0	0	0
4	ξ_j	0.223 037	0.233 904	0	0	0	0	0	0

局部定量						
序号	名称	做功增量/(kJ/kg)	吸热增量/(kJ/kg)	相对变化	发电热耗率偏差/(kJ/(k·Wh))	发电标煤耗偏差/(kg/(k·Wh))
1	α_{f1}	−0.626 64	0.261 264	−0.000 593 28	5.590 259 344	0.191 000 528
2	α_{f2}	−2.619 16	−2.891 1	−0.001 076 077	10.139 486 67	0.346 432 461
3	α_{f3}	−0.123 19	−0.100 56	−6.300 37E−05	0.593 660 931	0.020 283 415
4	α_{f4}	−1.556 71	−1.171 52	−0.000 832 108	7.840 650 729	0.267 888 9
5	α_{f5}	−0.044 04	0	−3.519 82E−05	0.331 660 169	0.011 331 722
6	α_{f6}	−0.355 98	0	−0.000 284 602	2.681 697 394	0.091 624 661

（续表）

局部定量						
序号	名称	做功增量/(kJ/kg)	吸热增量/(kJ/kg)	相对变化	发电热耗率偏差/(kJ/(k · Wh))	发电标煤耗偏差/(kg/(k · Wh))
7	α_{f7}	−1.095 97	0	−0.000 876 736	8.261 164 46	0.282 256 452
8	α_{f8}	−0.243 82	0	−0.000 194 915	1.836 614 35	0.062 750 99
9	α_{f9}	−0.042 06	0	−3.361 57E-05	0.316 748 259	0.010 822 232
10	α_{f10}	−0.049 45	0	−3.952 14E-05	0.372 395 423	0.012 723 51
11	给水泵	−16.284 1	0	−0.013 186 899	124.255 376 5	4.245 392 031
12	凝结水泵	−0.727 01	0	−0.000 581 408	5.478 399 652	0.187 178 655
13	＃8	−1.043 04	−0.500 24	−0.000 657 8	6.198 210 711	0.211 772 199
14	＃7	−1.983 59	−1.056 91	−0.001 214 604	11.444 775 62	0.391 029 834
15	＃6	−1.557 74	0	−0.001 246 596	11.746 224 52	0.401 329 338
16	＃5	−0.509 6	0	−0.000 407 473	3.839 466 813	0.131 181 783
17	＃4	−1.755 06	0	−0.001 404 725	13.236 215 02	0.452 237 347
18	＃3	−0.812 12	0	−0.000 649 521	6.120 203 827	0.209 106 964
19	＃2	−1.665 96	0	−0.001 333 314	12.563 335 22	0.429 247 287
20	＃1	−1.187 75	0	−0.000 950 221	8.953 590 16	0.305 914 33
21	dh'_{w2}	0.001 831	0	1.463 35E−06	−0.013 788 653	−0.000 471 112
22	和总	−34.281 2	−5.459 07	−0.026 192 095	246.798 633 3	8.432 286 638

由表 3-27 与表 3-25 对比可见：①等效焓降局部定量计算结果与简捷热平衡计算结果（和总效率的相对变化率）完全相同，与基准系统比热耗率增加 246.8 kJ/(k · Wh)；②等效焓降可以实现局部定量分析，其中，汽动给水泵使热耗率增加 124.3 kJ/(k · Wh)、＃4 散热损失使热耗率增加 13.2 kJ/(k · Wh)、＃2 散热损失使热耗率增加 12.6 kJ/(k · Wh)、＃6 散热损失使热耗率增加 11.7 kJ/(k · Wh)、＃7 散热损失使热耗率增加 11.4 kJ/(k · Wh)。

基于汽动给水泵合成实际系统的等效焓降计算汇总表见附表 3-27。

3.6.3　主要结论

(1) 简捷热平衡分析

考虑给水泵、轴封漏汽和加热器散热损失会由于纯热量和工质带热量进出汽轮机回热系统而影响汽轮机吸热量、放热量和做功量，进而影响汽轮机内效率。

热平衡计算中，既可以分别考虑给水泵、轴封漏汽和加热器散热损失对经济性的影响，也可以和总分析其综合影响，两种结果虽不能线性叠加，但两者的趋势和占比是一致的。

无论是基于电动给水泵的合成实际系统还是基于汽动给水泵的合成实际系

统，叠加使用独立分析的热平衡模型，可以得到合成系统的分析结果，且满足全部平衡校验条件。

(2) 等效焓降分析

使用等效焓降四种应用法则，可以对实际系统发生的局部变化做定量计算，而且可以给出解析表达式，为挖掘节能潜力提供理论指导。

等效焓降既可以给出每一种局部变化的定量分析结果，还可以通过叠加各种局部变化所产生的做功增量和吸热增量，和总计算各局部损失对汽轮机内效率的综合影响。

等效焓降局部变化的和总计算结果与热平衡计算结果完全一致(需要使用基准系统热平衡计算结果和当前工况等效焓降的计算结果)，详见等效焓降分析模型。

为了变化分析基准，传统的方法是更新等效焓降计算基准（H_0 扣除各项当前工况各项做功增量的总和)；本书利用效率相对变化率的定义，折算当前工况汽轮机内效率，方便进行后续分析，详见轴封漏汽利用小节中新旧系统对比分析。

第 4 章 分析系统热力计算

4.1 散热损失的分析

4.1.1 机理分析与参数计算

加热器散热损失的机理分析同 3.5.1 节。

为了单纯分析基准系统下各加热器散热损失受其连接关系和汽水参数不同(如各加热器的出水份额以及给/凝水吸热量不同)的影响,有必要分析各加热器在相同热量利用系数下,散热损失对汽轮机内效率的影响。

加热器散热分析系统中设各加热器热量利用系数 $\eta_{hj}=0.98$。

各加热器散热损失参数见表 4-1。

表 4-1 各加热器散热损失参数表

序号	名称	＃8	＃7	＃6	＃5	＃4	＃3	＃2	＃1
1	热利用系数	0.98	0.98	0.98	0.98	0.98	0.98	0.98	0.98
2	散热量/(kJ/kg)	2.242 857	2.981 633	2.428 571	0.693 878	2.164 483	1.100 811	2.311 232	2.467 913

由表 4-1 可见,在热量利用系数相同的情况下,除了＃5 和＃3 外,其余加热器散失的热量基本相同。

4.1.2 加热器散热分析系统的简捷热平衡模型

加热器抽汽份额为:

$$\alpha_j=\frac{(A_j\cdot\tau_j/\eta_{hj}-B_j\cdot\gamma_j)}{q_j}$$

汽轮机放热损失的增量为：

$$\Delta q_c = \sum_{j=1}^{8} A_j \cdot \tau_j \cdot \left(\frac{1}{\eta_{hj}} - 1\right)$$

4.1.3 加热器散热分析系统的等效焓降模型

散热损失热量：

$$\Delta q_{fj} = A_j \cdot \tau_j \cdot \left(\frac{1}{\eta_{hj}} - 1\right)$$

做功增量：

$$\Delta H \uparrow = -q_{fj} \cdot \eta_j$$

吸热增量：

$$\Delta Q \uparrow = \Delta q_{fj} \cdot \zeta_j$$

效率相对变化为：

$$\delta\eta_i \uparrow = \frac{\Delta H - \Delta Q \cdot \eta_i}{H + \Delta H}$$

4.1.4 加热器散热损失的定量分析

(1) 加热器散热分析系统的简捷热平衡计算汇总

针对表 4-1 各加热器散热损失参数表，简捷热平衡计算结果如表 4-2 所示。

表 4-2 加热器散热损失分析系统的简捷热平衡计算汇总表

初终再热参数							
序号	名称	新汽	再热	低进	名称	凝汽器	名称	凝汽器
1	蒸汽焓/(kJ/kg)	3 433.5	3 543	3 164.5	蒸汽焓/(kJ/kg)	2 438.1	排汽份额	0.684 074
2	蒸汽吸热量/(kJ/kg)	2 391.5	502.8	0	凝水焓/(kJ/kg)	140.7	凝水份额	0.684 074

加热器热平衡									
序号	符号	#8	#7 高排	#6	#5	#4 中排	#3	#2	#1
1	h_j/(kJ/kg)	3 137.9	3 040.2	3 382.1	3 275.3	3 164.5	2 979.5	2 888.4	2 691.4
2	h_{wj}/(kJ/kg)	1 042	932.1	786	667	633	506	441.410 4	305.8
3	h_{dj}/(kJ/kg)	1 035	890.6	782.9	667	640.1	520.7	452.9	321.4
4	q_j/(kJ/kg)	2 102.9	2 149.6	2 599.2	2 642.3	2 524.4	2 458.8	2 582.6	2 550.7
5	γ_j/(kJ/kg)	0	144.4	107.7	149.9	0	119.4	214.9	0

(续表)

加热器热平衡									
序号	符号	#8	#7高排	#6	#5	#4中排	#3	#2	#1
6	τ_j/(kJ/kg)	109.9	146.1	119	34	127	64.589 57	135.610 4	165.1
7	A_j	1	1	1	1	0.835 115	0.835 115	0.835 115	0.732 451
8	B_j	0	0.053 328	0.119 099	0.160 881	0	0.042 871	0.063 175	0
9	α_j	0.053 328	0.065 771	0.041 783	0.004 003	0.042 871	0.020 303	0.039 489	0.048 377
10	h'_{w2}/(kJ/kg)	$h'_{w2}=439.8+(B_2+\alpha_2)/A_2\times(h_{d2}-439.8)$						441.410 433 4	
11	w_{ij}/(kJ/kg)	15.763 67	25.867 69	23.155 98	2.646 143	33.088 02	19.426 19	41.380 97	60.224 74
热力系统热平衡									
序号	名称	数值	回热流	凝气流	附加1	附加2	附加3	附加4	附加5
1	q_0/(kJ/kg)	2 834.417							
2	q_c/(kJ/kg)	1 587.984			16.391 38				
3	w_i/(kJ/kg)	1 246.434	221.553 4	1 024.88					
4	校验	0							
5	η_i	0.439 749			与基准系统效率相对变化率			−0.003 363 978	

由表4-2可见,考虑散热损失后,汽轮机内效率比基准系统降低0.34%。

(2) 加热器散热分析系统的等效焓降计算汇总

为了分析各加热器散热损失对汽轮机内效率的不同影响,计算了系统的等效焓降,结果见表4-3。

表4-3 加热器散热分析系统的等效焓降计算汇总表

散热损失分析系统等效焓降									
序号	符号	#8	#7高排	#6	#5	#4中排	#3	#2	#1
1	q_j/(kJ/kg)	2 102.9	2 149.6	2 599.2	2 642.3	2 524.4	2 458.8	2 582.6	2 550.7
2	γ_j/(kJ/kg)	0	144.4	107.7	149.9	0	119.4	214.9	0
3	τ_j/(kJ/kg)	109.9	146.1	119	34	127	64.589 57	135.610 4	165.1
4	H_j/(kJ/kg)	977.955 5	943.645 1	816.580 8	752.469	650.158	488.899 1	433.904 6	253.3
5	η_j	0.465 051	0.438 986	0.314 166	0.284 778	0.257 55	0.198 836	0.168 011	0.099 306
6	ΔQ_j/(kJ/kg)	469.024 3	502.8	0	0	0	0	0	0
7	ξ_j	0.223 037	0.233 904	0	0	0	0	0	0
8	H/(kJ/kg)	1 251.155							
9	η_i	0.441 229							
局部定量									
1	ΔH/(kJ/kg)	−1.043 04	−1.308 9	−0.762 98	−0.197 6	−0.557 46	−0.218 88	−0.388 31	−0.245 08
2	ΔQ/(kJ/kg)	−0.500 24	−0.697 42	0	0	0	0	0	0
3	$\delta\eta_i$	−0.000 66	−0.000 8	−0.000 61	−0.000 16	−0.000 45	−0.000 17	−0.000 31	−0.000 2
4	ΔHR/(kJ/(k·Wh))	6.198 203	7.547 907	5.749 588	1.488 399	4.200 199	1.648 718	2.925 344	1.846 087

序号	名称	做功增量/(kJ/kg)	吸热增量/(kJ/kg)	效率相对变化	热耗率绝对变化/(kJ/(k·Wh))	标煤耗绝对变化/(kg/(k·Wh))
5	Σ	−4.722 25	−1.197 66	−0.003 364 649	31.703 872 78	1.083 215 653
6	dh'_{w2}	0.000 833	0	6.654 49E-07	−0.006 270 29	−0.000 214 235
7	和总	−4.721 42	−1.197 66	−0.003 363 978	31.697 557 56	1.082 999 883

4.1.5 主要结论

(1) 加热器散热损失对汽轮机内效率的影响因素分析

根据散热损失的等效焓降计算模型，影响经济性 $\delta\eta_i$ 的主要因素如下：

① 加热器抽汽压力高，做功能力强(抽汽效率高)时，会增大 ΔH。

② 出水份额大、给水焓升高、热量利用系数低，会增加 Δq_{fj}。

所以，应当对高压加热器和低压加热器组内高压级（η_j 较高）加热器的散热损失予以高度关注。

(2) 加热器散热损失的局部定量分析结果

等效焓降的局部定量分析结果表明，在相同的加热器热量利用系数（η_h = 0.98）时，＃7、＃8、＃6 和＃4 的散热损失影响较大(见表 4-3)。

由表 4-3 可见，在各加热器散热损失相近的情况下，各高压加热器散热损失对汽轮机内效率的影响比较大。其中，＃7 散热损失使热耗率增加约 7.5 kJ/(k · Wh)；＃8 散热损失使热耗率增加约 6.2 kJ/(k · Wh)；＃6 散热损失使热耗率增加约5.7 kJ/(k · Wh)；各加热器散热损失合计使热耗率增加约 31.7 kJ/(k · Wh)。

4.2 蒸汽冷却器的分析

4.2.1 机理分析与参数计算

蒸汽冷却器(SC)是利用抽汽过热度(抽汽温度与抽汽压力下饱和温度之差)在 SC 内的加热作用，提升该加热器的出水温度和出水焓，达到降低端差的目的(传热过程见图 1-5 和图 1-7)。

表 4-4　N200 MW 机组抽汽过热度一览表

序号	名称	＃8	＃7	＃6	＃5	＃4	＃3	＃2	＃1
1	抽汽压力/MPa	3.75	2.46	1.21	0.829	0.543	0.245	0.146	0.045 1
2	抽汽温度/℃	365.235 2	311.831 1	456.519 7	403.910 9	348.651	254.831 2	207.643 9	104.221 9
3	饱和温度/℃	246.536 2	223.087	188.336 5	171.896 5	154.976 7	126.766 2	110.563 5	78.797 55
4	过热度/℃	118.699	88.744 15	268.183 1	232.014 4	193.674 3	128.065	97.080 41	25.424 34

由表4-4,中压缸再热热段抽汽过热度较高,高压缸抽汽过热度次之,低压缸较小。

蒸汽冷却器有内置式蒸汽冷却器、外置串联蒸汽冷却器和外置并联蒸汽冷却器等多种连接形式,外置式蒸汽冷却器一般用于抽汽过热度最高的中压缸第一级抽汽,但实际应用较少。

以内置式蒸汽冷却器为例,该附加受热面主要用于抽汽过热度较高的高压加热器,受过热度高低以及蒸汽冷却段传热状况双重影响,内置式蒸汽冷却器的加热器端差(加热器壳侧压力下饱和温度与出水温度之差)大约为−1～1℃,如果无蒸汽冷却器,则高压加热器和低压加热器的端差分别为2～3℃和3～5℃。换言之,高压加热器有无内置式蒸汽冷却器,其出水温度大约相差2～3℃。

蒸汽冷却器分析系统为:在图2-1所示基准系统中取消＃8、＃7、＃6和＃4的蒸汽冷却器。

加热器出水焓为:

$$h_{wj}=h_{sj}-4.186\ 8\theta_j$$

取消＃8、＃7、＃6和＃4加热器的SC,恢复原有端差,与基准系统比较各加热器出水焓变化见表4-5。

表4-5 各加热器出水焓计算一览表(高加端差取2℃、低加端差取3℃)

序号	名称	＃8	＃7	＃6	＃5	＃4	＃3	＃2	＃1
1	饱和水焓/(kJ/kg)	1 045.8	936.3	782.9	667	640.1	520.7	452.9	321.4
2	出水焓/(kJ/kg)	1 037.426	927.926 4	774.526 4	667	627.539 6	506	439.8	305.8
3	疏水焓/(kJ/kg)	1 030.826	879.126 4	782.9	667	640.1	520.7	452.9	321.4
4	出水焓变化/(kJ/kg)	−4.573 6	−4.173 6	−11.473 6	0	−5.460 4	0	0	0

4.2.2 蒸汽冷却器分析系统的简捷热平衡模型

蒸汽冷却器分析系统只涉及各加热器出水焓的改变,简捷热平衡算法模型不变。

4.2.3 蒸汽冷却器分析系统的等效焓降模型

由于热力系统连接关系的复杂性和多样性,各级加热器出水焓变化所产生的关联参数变化均不相同,加热器连接方式主要包含以下几种情形:情形一:高压级加热器有DC;情形二:高压级加热器无DC;情形三:高压级加热器为混合式加热器;情形四：无高压级加热器。

情形一：高压级加热器有 DC

A. ＃7 加热器属于此情形

当取消本级 SC 后，出水焓 h_{w7} 降低，$h_{w7\_new}=h_{s7}-4.1868\theta_7$，无 SC 时，高加端差为 $\theta_7=2$，则 $\Delta h_{w7}=h_{w7\_new}-h_{w7\_org}$($h_{w7\_org}$ 为基准系统下＃7 的出水焓)，高压级疏水焓 h_{d8} 降低(与进水焓的增量相等)。

本级给水焓升 $\Delta\tau_7$ 和疏水放热量 $\Delta\gamma_7$ 均降低，高压级抽汽放热量 Δq_8 和给水焓升 $\Delta\tau_8$ 均增加。

做功增量为：

$$\Delta H\uparrow=\Delta h_{w7}\cdot[A_{7\_org}\cdot(\eta_8-\eta_7)-B_{7\_org}\cdot(\eta_8-\eta_7)]$$

式中，A_{7_org}、B_{7_org} 分别是基准系统下＃7 加热器的出水份额和接收的疏水份额。

吸热增量为：$\Delta Q\uparrow=\Delta h_{w7}\cdot[A_{7\_org}\cdot(\zeta_8-\zeta_7)-B_{7\_org}\cdot(\zeta_8-\zeta_7)]$

效率相对变化为：$\delta\eta_i\uparrow=\dfrac{\Delta H-\Delta Q\cdot\eta_i}{H+\Delta H}$

B. ＃6 加热器属于此情形

当取消本级 SC 后，出水焓 h_{w6} 降低，$h_{w6\_new}=h_{s6}-4.1868\theta_6$，无 SC 时，高加端差为 $\theta_6=2$，则 $\Delta h_{w6}=h_{w6\_new}-h_{w6\_org}$($h_{w6\_org}$ 为基准系统下＃6 的出水焓)。高压级疏水焓 h_{d7} 降低(与进水焓的增量相等)。

本级给水焓升 $\Delta\tau_6$ 和疏水放热量 $\Delta\gamma_6$ 均降低，高压级抽汽放热量 Δq_7、疏水放热量 $\Delta\gamma_7$ 和给水焓升 $\Delta\tau_7$ 均增加。

做功增量为：

$$\Delta H\uparrow=\Delta h_{w6}\cdot[A_{6\_org}\cdot(\eta_7-\eta_6)-B_{6\_org}\cdot(\eta_7-\eta_6)]$$

式中，A_{6_org}、B_{6_org} 分别是基准系统下＃6 加热器的出水份额和接收的疏水份额。

吸热增量为：$\Delta Q\uparrow=\Delta h_{w6}\cdot[A_{6\_org}\cdot(\zeta_7-\zeta_6)-B_{6\_org}\cdot(\zeta_7-\zeta_6)]$

效率相对变化为：$\delta\eta_i\uparrow=\dfrac{\Delta H-\Delta Q\cdot\eta_i}{H+\Delta H}$

情形二：高压级加热器无 DC(200MW 机组无此情形)

＃3 加热器类似于此情形。

当＃3 加热器端差增大 $\Delta\vartheta_3$，其出水温度于焓值降低。则 $\Delta h_{w3}=h_{w3\_new}-h_{w3\_org}$($h_{w3\_org}$ 为基准系统下＃3 的出水焓)。

本级给水焓升 $\Delta\tau_3$ 降低；高压级给水焓升 $\Delta\tau_5$ 均增加。

做功增量为：$\Delta H\uparrow = \Delta h_{w3}\cdot A_{3\_org}\cdot(\eta_4-\eta_3)$

式中，A_{3_org} 是基准系统下＃3 加热器的出水份额。

吸热增量为：$\Delta Q\uparrow = 0$

效率相对变化：$\delta\eta_i\uparrow = \dfrac{\Delta H-\Delta Q\cdot\eta_i}{H+\Delta H}$

情形三：高压级加热器为混合式加热器

＃4 加热器属于此情形。

当取消本级 SC 后，出水焓 h_{w4} 降低，$h_{w4\_new}=h_{s4}-4.186\,8\theta_4$，无 SC 时，低加端差为 $\theta_4=3$，则 $\Delta h_{w4}=h_{w4\_new}-h_{w4\_org}$（$h_{w4\_org}$ 为基准系统下＃4 的出水焓）。

本级给水焓升 $\Delta\tau_4$ 降低，高压级抽汽放热量 Δq_5、疏水放热量 $\Delta\gamma_5$ 和给水焓升 $\Delta\tau_5$ 均增加。

做功增量为：

$$\Delta H\uparrow = \Delta h_{w4}\cdot A_{4\_org}\cdot(\eta_5-\eta_4)$$

式中，A_{4_org} 是基准系统下＃4 加热器的出水份额。

吸热增量为：$\Delta Q\uparrow = 0$

效率相对变化为：$\delta\eta_i\uparrow = \dfrac{\Delta H-\Delta Q\cdot\eta_i}{H+\Delta H}$

情形四：无高压级加热器

＃8 加热器属于此情形。

当取消本级 SC 后，出水焓 h_{w8} 降低，$h_{w8\_new}=h_{s8}-4.186\,8\theta_8$，无 SC 时，高加端差为 $\theta_8=2$，则 $\Delta h_{w8}=h_{w8\_new}-h_{w8\_org}$（$h_{w8\_org}$ 为基准系统下＃8 的出水焓）。

本级给水焓升 $\Delta\tau_8$ 降低，汽轮机吸热量 Δq_0 增加。

做功增量为：

$$\Delta H\uparrow = -\Delta h_{w8}\cdot A_{8\_org}\cdot\eta_8$$

式中，A_{8_org} 是基准系统下＃8 加热器的出水份额。

吸热增量为：$\Delta Q\uparrow = -\Delta h_{w8}\cdot A_{8\_org}\cdot(1+\zeta_8)$

效率相对变化为：$\delta\eta_i\uparrow = \dfrac{\Delta H-\Delta Q\cdot\eta_i}{H+\Delta H}$

4.2.4 蒸汽冷却器的定量分析

(1) 蒸汽冷却器分析系统的简捷热平衡计算汇总(表 4-6)

表 4-6 蒸汽冷却器分析系统的简捷热平衡计算汇总表

初终再热参数								
序号	名称	新汽	再热	低进	名称	凝汽器	名称	凝汽器
1	蒸汽焓/(kJ/kg)	3 433.5	3 543	3 164.5	蒸汽焓/(kJ/kg)	2 438.1	排汽份额	0.690 823
2	蒸汽吸热量/(kJ/kg)	2 396.074	502.8	0	凝水焓/(kJ/kg)	140.7	凝水份额	0.690 823

加热器热平衡									
序号	符号	#8 F/DC	#7 高排 F/DC	#6 F	#5 C	#4 中排 F	#3 F	#2 F(P)	#1 F(W)
1	h_j/(kJ/kg)	3 137.9	3 040.2	3 382.1	3 275.3	3 164.5	2 979.5	2 888.4	2 691.4
2	h_{wj}/(kJ/kg)	1 037.426	927.926 4	774.526 4	667	627.539 6	506	441.353 5	305.8
3	h_{dj}/(kJ/kg)	1 030.826	879.126 4	782.9	667	640.1	520.7	452.9	321.4
4	q_j/(kJ/kg)	2 107.074	2 161.074	2 599.2	2 647.76	2 524.4	2 458.8	2 582.6	2 550.7
5	γ_j/(kJ/kg)	0	151.7	96.226 4	155.360 4	0	119.4	214.9	0
6	τ_j/(kJ/kg)	109.5	153.4	107.526 4	39.460 4	121.539 6	64.646 5	135.553 5	165.1
7	A_j	1	1	1	1	0.838 01	0.838 01	0.838 01	0.738 632
8	B_j	0	0.051 968	0.119 303	0.156 255	0	0.040 347	0.060 42	0
9	α_j	0.051 968	0.067 335	0.036 952	0.005 735	0.040 347	0.020 074	0.038 957	0.047 81
10	h'_{w2}/(kJ/kg)			$h'_{w2}=439.8+(B_2+\alpha_2)/A_2\times(h_{d2}-439.8)$				441.353 497 4	
11	w_{ij}/(kJ/kg)	15.361 68	26.482 96	20.478 94	3.790 736	31.139 63	19.206 43	40.823 23	59.518 29

热力系统热平衡									
序号	名称	数值	回热流	凝气流	附加 1	附加 2	附加 3	附加 4	附加 5
1	q_0/(kJ/kg)	2 838.888							
2	q_c/(kJ/kg)	1 587.096							
3	w_i/(kJ/kg)	1 251.792	216.801 9	1 034.99					
4	校验	0							
5	η_i	0.440 945			与基准系统效率相对变化率			−0.000 644 584	

(2) 蒸汽冷却器分析系统的等效焓降计算汇总

由表 4-7 可见,取消 SC 后,汽轮机内效率比基准系统降低 0.06%。

为了分析取消各加热器 SC 对汽轮机内效率的不同影响,计算了系统的等效焓降,结果见表 4-7。

表 4-7　蒸汽冷却器分析系统的等效焓降计算汇总表

序号	符号	蒸汽冷却器分析系统等效焓降							
		#8 F/DC	#7 高排 F/DC	#6 F	#5 C	#4 中排 F	#3 F	#2 F(P)	#1 F(W)
1	q_j/(kJ/kg)	2 107.074	2 161.074	2 599.2	2 647.76	2 524.4	2 458.8	2 582.6	2 550.7
2	γ_j/(kJ/kg)	0	151.7	96.226 4	155.360 4	0	119.4	214.9	0
3	τ_j/(kJ/kg)	109.5	153.4	107.526 4	39.460 4	121.539 6	64.646 5	135.553 5	165.1
4	H_j/(kJ/kg)	978.329 2	947.113 3	816.439 2	753.873 6	650.158	488.899 1	433.904 6	253.3
5	η_j	0.464 307	0.438 261	0.314 112	0.284 721	0.257 55	0.198 836	0.168 011	0.099 306
6	ΔQ_j/(kJ/kg)	467.505 2	502.8	0	0	0	0	0	0
7	ξ_j	0.221 874	0.232 662	0	0	0	0	0	0
8	H/(kJ/kg)	1 251.155							
9	η_i	0.441 229							
		局部定量							
1	ΔH/(kJ/kg)	2.123 555	−0.103 03	−1.258 18	0	−0.124 39	0	−0.000 64	0
2	ΔQ/(kJ/kg)	5.588 364	0.042 672	−2.357 9	0	0	0	0	0
3	$\delta\eta_i$	−0.000 27	−9.7E−05	−0.000 17	0	−9.9E−05	0	−5.1E−07	0
4	Δ_{HR}/(kJ/(k·Wh))	2.572 734	0.917 781	1.641 977	0	0.936 924	0	0.004 812	0

序号	名称	做功增量/(kJ/kg)	吸热增量/(kJ/kg)	效率相对变化	热耗率绝对变化/(kJ/(k·Wh))	标煤耗绝对变化/(kg/(k·Wh))
5	端差和总	0.637 316	3.273 135	−0.000 644 584	6.073 681 052	0.207 517 436

由表 4-7 与表 4-6 对比可见：①等效焓降局部定量计算结果与简捷热平衡计算结果（和总效率的相对变化率）完全相同，与基准系统比热耗率增加约 6.1 kJ/(k·Wh)；②等效焓降可以实现局部定量分析，其中，#8 加热器取消 SC，使热耗率增加约 2.6 kJ/(k·Wh)、#6 加热器取消 SC，使热耗率增加约 1.6 kJ/(k·Wh)。

4.2.5　主要结论

(1) 蒸汽冷却器对汽轮机内效率的影响因素分析

根据蒸汽冷却器对汽轮机内效率影响的等效焓降模型，可以发现以下影响因素：

① 高压加热器出水份额（流量）大时，出水焓改变，对内效率影响大。

② 抽汽过热度较大时，出水焓增量 Δh_{wj} 较大，对内效率影响大。

③ 相邻高压级抽汽效率差较大时，对汽轮机内效率影响大。

可见，取消高压加热器蒸汽冷却器对汽轮机内效率具有负面影响。

(2) 取消高压加热器蒸汽冷却器的局部定量结果

假设取消♯8、♯7、♯6、♯4 加热器的蒸汽冷却器，其对机组经济性的影响见表 4-7。

由表 4-7 可见，尽管取消 SC 后，各加热器出水焓的变化以♯6 最大。但由于热力系统连接方式的不同，在表 4-7 中，♯8 加热器取消 SC 后，使热耗增加约 2.6 kJ/(k・Wh)；♯7 加热器取消 SC 后，使热耗率增加约 0.9 kJ/(k・Wh)；♯6 加热器取消 SC 后，使热耗率增加约 1.6 kJ/(k・Wh)；♯4 加热器取消 SC 后，使热耗率增加约 0.9 kJ/(k・Wh)。

4.3 疏水冷却器的分析

4.3.1 机理分析与参数计算

疏水冷却器(DC)是利用加热器进口水在 DC 内的冷却作用，降低该加热器的疏水温度和疏水焓，达到减少疏水热量排挤低压抽汽的目的(传热过程见图1-6 和图 1-7)。

疏水冷却器有内置式和外置式(后期改造)两种，其作用是相同的。

疏水冷却器可以用于所有表面式加热器，高压加热器和低压加热器均可使用，是改善表面式加热器热量利用效果的常用方法。

根据疏水冷却器(DC)传热的状况(传热系数或传热面积)的不同，该加热器疏水温度与进口水温之间存在下端差(又称为疏水端差)的约束，该端差大约为 5～15℃；如果没有疏水冷却器，疏水温度和疏水焓为壳侧压力下饱和水温度和饱和水焓，这时，尽管疏水温度与进口水温之间依然存在差值，但不具有约束作用。可见表面式加热器是否装设疏水冷却器，主要表现在其疏水温度高(无 DC 的情形)或低(有 DC 的情形)。

疏水冷却器分析系统一：在图 2-1 所示基准系统中取消♯8 和♯7 加热器的 DC(无 DC 系统)。

疏水焓为：$h_{dj}=h_{sj}$

由表4-8可见，取消#7加热器的DC，对其疏水焓的影响较大。

表4-8 分析系统一(取消DC)疏水焓变化计算表

序号	符号	#8 SC/F	#7 SC/F	#6 SC/F	#5 C	#4 SC/F	#3 F	#2 F(P)	#1 F(W)
1	饱和水焓/(kJ/kg)	1 045.8	936.3	782.9	667	640.1	520.7	452.9	321.4
2	疏水焓/(kJ/kg)	1 045.8	936.3	782.9	667	640.1	520.7	452.9	321.4
3	疏水焓变化/(kJ/kg)	10.8	45.7	0	0	0	0	0	0

疏水冷却器分析系统二：在图2-1所示基准系统中增加#6、#4和#3加热器的DC(全DC系统)。

此时，所有表面式加热器全部使用DC(带疏水泵的表面式加热器和末级疏水去热井的表面式加热器除外)。

疏水焓为：

$$h_{dj}=h_{wj-1}+4.186\,8\psi_j$$

由表4-9可见，在#4加热器加DC，其疏水焓的降低幅度较大。

表4-9 增加DC疏水焓变化计算表

序号	符号	#8 SC/F/DC	#7 SC/F/DC	#6 SC/F/DC	#5 C	#4 SC/F/DC	#3 F/DC	#2 F(P)	#1 F(W)
1	饱和水焓/(kJ/kg)	1 045.8	936.3	782.9	667	640.1	520.7	452.9	321.4
2	出水焓/(kJ/kg)	1 042	932.1	786	667	633	506	439.8	305.8
3	疏水焓/(kJ/kg)	1 035	890.6	727.708 6	667	566.708 6	500.508 6	452.9	321.4
4	焓差/(kJ/kg)	0	0	−55.191 4	0	−73.391 4	−20.191 4	0	0

4.3.2 疏水冷却器分析系统的简捷热平衡模型

疏水冷却器分析系统只涉及各加热器疏水焓的改变，简捷热平衡算法模型不变。

4.3.3 疏水冷却器分析系统的等效焓降模型

结合N200MW机组热力系统的特点，分别推导j级加热器疏水焓变化Δh_{dj}时，相邻加热器之间吸放热量变化的情况及其等效焓降算法模型。

A. #8加热器疏水焓增量为Δh_{d8}

做功增量为：

$$\Delta H\uparrow = -\Delta h_{d8}\cdot\alpha_{8\_org}\cdot(\eta_8-\eta_7)$$

式中，α_{8_org} 是基准系统下＃8 加热器的抽汽份额。

吸热增量为：$\Delta Q\uparrow = -\Delta h_{d8}\cdot\alpha_{8\_org}\cdot(\zeta_8-\zeta_7)$

效率相对变化为：$\delta\eta_i\uparrow = \dfrac{\Delta H-\Delta Q\cdot\eta_i}{H+\Delta H}$

B. ＃7 加热器疏水焓增量为 Δh_{d7}

做功增量为：

$$\Delta H\uparrow = -\Delta h_{d7}\cdot(B_{7\_org}+\alpha_{7\_org})\cdot(\eta_7-\eta_6)$$

式中，B_{7_org}、α_{7_org} 分别是基准系统下＃7 加热器的疏水份额和抽汽份额。

吸热增量为：$\Delta H\uparrow = -\Delta h_{d7}\cdot(B_{7\_org}+\alpha_{7\_org})\cdot(\zeta_7-\zeta_6)$

效率相对变化为：$\delta\eta_i\uparrow = \dfrac{\Delta H-\Delta Q\cdot\eta_i}{H+\Delta H}$

C. ＃6 加热器疏水焓增量为 Δh_{d6}

做功增量为：

$$\Delta H\uparrow = -\Delta h_{d6}\cdot(B_{6\_org}+\alpha_{6\_org})\cdot(\eta_6-\eta_5)$$

式中，B_{6_org}、α_{6_org} 分别是基准系统下＃6 加热器的疏水份额和抽汽份额。

吸热增量为：$\Delta Q\uparrow = 0$

效率相对变化为：$\delta\eta_i\uparrow = \dfrac{\Delta H-\Delta Q\cdot\eta_i}{H+\Delta H}$

D. ＃4 加热器疏水焓增量为 Δh_{d4}

做功增量为：

$$\Delta H\uparrow = -\Delta h_{d4}\cdot\alpha_{4\_org}\cdot(\eta_4-\eta_3)$$

式中，α_{4_org} 是基准系统下＃4 加热器的抽汽份额。

吸热增量为：$\Delta Q\uparrow = 0$

效率相对变化为：$\delta\eta_i\uparrow = \dfrac{\Delta H-\Delta Q\cdot\eta_i}{H+\Delta H}$

E. ＃3 加热器疏水焓增量为 Δh_{d3}

做功增量为：

$$\Delta H\uparrow = -\Delta h_{d3}\cdot(B_{3\_org}+\alpha_{3\_org})\cdot(\eta_3-\eta_2)$$

式中，B_{3_org}、α_{3_org} 分别是基准系统下＃3 加热器的疏水份额和抽汽份额。

吸热增量为：$\Delta Q \uparrow = 0$

效率相对变化为：$\delta\eta_i \uparrow = \dfrac{\Delta H - \Delta Q \cdot \eta_i}{H + \Delta H}$

4.3.4　疏水冷却器分析系统一(无 DC 系统)的定量分析

(1) 疏水冷却器分析系统一(无 DC 系统)的简捷热平衡计算汇总

由表 4-10 可见，取消 DC 后，汽轮机内效率比基准系统降低 0.01%。

表 4-10　疏水冷却器分析系统一(无 DC 系统)的简捷热平衡计算汇总表

初终再热参数

序号	名称	新汽	再热	低进	名称	凝汽器	名称	凝汽器
1	蒸汽焓/(kJ/kg)	3 433.5	3 543	3 164.5	蒸汽焓/(kJ/kg)	2 438.1	排汽份额	0.689 426
2	蒸汽吸热量/(kJ/kg)	2 391.5	502.8	0	凝水焓/(kJ/kg)	140.7	凝水份额	0.689 426

加热器热平衡

序号	符号	#8 SC/F	#7 SC/F	#6 SC/F	#5 C	#4 SC/F	#3 F	#2 F(P)	#1 F(W)
1	h_j/(kJ/kg)	3 137.9	3 040.2	3 382.1	3 275.3	3 164.5	2 979.5	2 888.4	2 691.4
2	h_{wj}/(kJ/kg)	1 042	932.1	786	667	633	506	441.378 2	305.8
3	h_{dj}/(kJ/kg)	1 045.8	936.3	782.9	667	640.1	520.7	452.9	321.4
4	q_j/(kJ/kg)	2 092.1	2 103.9	2 599.2	2 642.3	2 524.4	2 458.8	2 582.6	2 550.7
5	γ_j/(kJ/kg)	0	109.5	153.4	149.9	0	119.4	214.9	0
6	τ_j/(kJ/kg)	109.9	146.1	119	34	127	64.621 78	135.578 2	165.1
7	A_j	1	1	1	1	0.838 11	0.838 11	0.838 11	0.737 139
8	B_j	0	0.052 531	0.119 239	0.157 985	0	0.042 164	0.062 144	0
9	α_j	0.052 531	0.066 708	0.038 746	0.003 905	0.042 164	0.019 98	0.038 827	0.047 713
10	h'_{w2}/(kJ/kg)	$h'_{w2} = 439.8 + (B_2 + \alpha_2)/A_2 \times (h_{d_2} - 439.8)$						441.378 218 6	
11	w_{ij}/(kJ/kg)	15.528 15	26.236 42	21.473 05	2.581 156	32.542 52	19.116 43	40.686 84	59.397 93

热力系统热平衡

序号	名称	数值	回热流	凝气流	附加 1	附加 2	附加 3	附加 4	附加 5
1	q_0/(kJ/kg)	2 834.346							
2	q_c/(kJ/kg)	1 583.886							
3	w_i/(kJ/kg)	1 250.46	217.562 5	1 032.897					
4	校验	0							
5	η_i	0.441 181			与基准系统效率相对变化率			−0.000 108 194	

(2) 疏水冷却器分析系统一(无 DC 系统)的等效焓降计算汇总

为了分析取消各加热器 DC 对汽轮机内效率的不同影响,计算了系统的等效焓降,结果见表 4-11。

表 4-11　疏水冷却器分析系统一(无 DC 系统)的等效焓降计算汇总表

疏水冷却器分析系统一的等效焓降									
序号	符号	#8 SC/F	#7 SC/F	#6 SC/F	#5 C	#4 SC/F	#3 F	#2 F(P)	#1 F(W)
1	q_j/(kJ/kg)	2 092.1	2 103.9	2 599.2	2 642.3	2 524.4	2 458.8	2 582.6	2 550.7
2	γ_j/(kJ/kg)	0	109.5	153.4	149.9	0	119.4	214.9	0
3	τ_j/(kJ/kg)	109.9	146.1	119	34	127	64.621 78	135.578 2	165.1
4	H_j/(kJ/kg)	978.621	929.286 8	816.579 8	752.468	650.158	488.899 1	433.904 6	253.3
5	η_j	0.467 77	0.441 697	0.314 166	0.284 778	0.257 55	0.198 836	0.168 011	0.099 306
6	ΔQ_j/(kJ/kg)	476.631 2	502.8	0	0	0	0	0	0
7	ξ_j	0.227 824	0.238 985	0	0	0	0	0	0
8	H/(kJ/kg)	1 251.155							
9	η_i	0.441 229							
局部定量									
1	ΔH/(kJ/kg)	−0.014 72	−0.680 25	0	0	0	0	0	0
2	ΔQ/(kJ/kg)	0.006 299	−1.274 73	0	0	0	0	0	0
3	$\delta\eta_i$	−1.4E-05	−9.4E-05	0	0	0	0	0	0
4	Δ_{HR}/(kJ/kg)	0.131 761	0.887 632	0	0	0	0	0	0

序号	名称	做功增量/(kJ/kg)	吸热增量/(kJ/kg)	效率相对变化	热耗率绝对变化/(kJ/(k·Wh))	标煤耗绝对变化/(kg/(k·Wh))
5	无 DC 和总	−0.694 96	−1.268 43	−0.000 108 194	1.019 475 127	0.034 832 067

由表 4-11 与表 4-10 对比可见:①等效焓降局部定量计算结果与简捷热平衡计算结果(和总效率的相对变化率)完全相同,与基准系统比热耗率增加 1.0 kJ/(k·Wh);②等效焓降可以实现局部定量分析,其中,#7 加热器取消 DC,使热耗率增加 0.9 kJ/(k·Wh)、#8 加热器取消 DC,使热耗率增加 0.1 kJ/(k·Wh)。

4.3.5　疏水冷却器分析系统二(全 DC 系统)的定量分析

(1) 疏水冷却器分析系统二(全 DC 系统)的简捷热平衡计算汇总

由表 4-12 可见,增加 DC 后,汽轮机内效率比基准系统提高 0.04%。

表 4-12　疏水冷却器分析系统二(全 DC 系统)的简捷热平衡计算汇总表

初终再热参数								
序号	名称	新汽	再热	低进	名称	凝汽器	名称	凝汽器
1	蒸汽焓/(kJ/kg)	3 433.5	3 543	3 164.5	蒸汽焓/(kJ/kg)	2 438.1	排汽份额	0.689 473
2	蒸汽吸热量/(kJ/kg)	2 391.5	502.8	0	凝水焓/(kJ/kg)	140.7	凝水份额	0.689 473

加热器热平衡									
序号	符号	#8 SC/F/DC	#7 SC/F/DC	#6 SC/F/DC	#5 C	#4 SC/F/DC	#3 F/DC	#2 F(P)	#1 F(W)
1	h_j/(kJ/kg)	3 137.9	3 040.2	3 382.1	3 275.3	3 164.5	2 979.5	2 888.4	2 691.4
2	h_{wj}/(kJ/kg)	1 042	932.1	786	667	633	506	441.379 8	305.8
3	h_{dj}/(kJ/kg)	1 035	890.6	727.708 6	667	566.708 6	500.508 6	452.9	321.4
4	q_j/(kJ/kg)	2 102.9	2 149.6	2 654.391	2 642.3	2 597.791	2 478.991	2 582.6	2 550.7
5	γ_j/(kJ/kg)	0	144.4	162.891 4	94.708 6	0	66.2	194.708 6	0
6	τ_j/(kJ/kg)	109.9	146.1	119	34	127	64.620 22	135.579 8	165.1
7	A_j	1	1	1	1	0.838 281	0.838 281	0.838 281	0.737 189
8	B_j	0	0.052 261	0.116 717	0.154 385	0	0.040 982	0.061 739	0
9	α_j	0.052 261	0.064 455	0.037 669	0.007 334	0.040 982	0.020 757	0.039 353	0.047 716
10	h'_{w2}/(kJ/kg)			$h'_{w2} = 439.8 + (B_2 + \alpha_2)/A_2 \times (h_{d2} - 439.8)$				441.379 782 7	
11	w_{ij}/(kJ/kg)	15.448 4	25.350 34	20.876 07	4.847 709	31.629 6	19.860 48	41.237 92	59.401 98

热力系统热平衡									
序号	名称	数值	回热流	凝气流	附加 1	附加 2	附加 3	附加 4	附加 5
1	q_0/(kJ/kg)	2 835.615							
2	q_c/(kJ/kg)	1 583.994							
3	w_i/(kJ/kg)	1 251.62	218.652 5	1 032.968					
4	校验	0							
5	η_i	0.441 393			与基准系统效率相对变化率			0.000 371 892	

(2) 疏水冷却器分析系统二(全 DC 系统)的等效焓降计算汇总(表 4-13)

表 4-13　疏水冷却器分析系统二(全 DC 系统)的等效焓降计算汇总表

疏水冷却器分析系统等效焓降									
序号	符号	#8 SC/F/DC	#7 SC/F/DC	#6 SC/F/DC	#5 C	#4 SC/F/DC	#3 F/DC	#2 F(P)	#1 F(W)
1	q_j/(kJ/kg)	2 102.9	2 149.6	2 654.391	2 642.3	2 597.791	2 478.991	2 582.6	2 550.7
2	γ_j/(kJ/kg)	0	144.4	162.891 4	94.708 6	0	66.2	194.708 6	0
3	τ_j/(kJ/kg)	109.9	146.1	119	34	127	64.620 22	135.579 8	165.1
4	H_j/(kJ/kg)	976.751	942.353 9	832.544 5	752.724 6	664.145 1	492.291 4	433.904 6	253.3
5	η_j	0.464 478	0.438 386	0.313 648	0.284 875	0.255 658	0.198 585	0.168 011	0.099 306
6	ΔQ_j/(kJ/kg)	469.024 3	502.8	0	0	0	0	0	0
7	ξ_j	0.223 037	0.233 904	0	0	0	0	0	0
8	H/(kJ/kg)	1 251.155							
9	η_i	0.441 229							

（续表）

局部定量									
1	ΔH/(kJ/kg)	0	0	0.250 375		0.176 674	0.038 378		0
2	ΔQ/(kJ/kg)	0	0	0	0	0	0	0	0
3	$\delta\eta_i$	0	0	0.000 2	0	0.000 141	3.07E-05	0	0
4	Δ_{HR}/(kJ/kg)	0	0	−1.885 24	0	−1.330 37	−0.289 02	0	0

序号	名称	做功增量/(kJ/kg)	吸热增量/(kJ/kg)	效率相对变化	热耗率绝对变化/(kJ/(k·Wh))	标煤耗绝对变化/(kg/(k·Wh))
5	dh'_{w2}	4.01E-05	0	3.204 59E-08	−0.000 301 957	−1.031 69E-05
6	加DC和总	0.465 468	0	0.000 371 892	−3.504 206 606	−0.119 727 059

由表4-13与表4-12对比可见：①等效焓降局部定量计算结果与简捷热平衡计算结果(和总效率的相对变化率)完全相同，与基准系统比热耗率下降3.5 kJ/(k·Wh)；②等效焓降可以实现局部定量分析，其中，#6加热器增加DC，使热耗率下降1.9 kJ/(k·Wh)；#4加热器增加DC，使热耗率下降1.3 kJ/(k·Wh)。

4.3.6 主要结论

(1) 疏水冷却器对汽轮机内效率的影响分析

根据疏水冷却器对汽轮机内效率影响的等效焓降模型，可以发现以下影响因素：

① 高压加热器疏水份额(流量)大时，疏水焓改变，对内效率影响大。

② 疏水冷却器端差较小时，疏水焓升高 Δh_{wj} 较大，对内效率影响大。

③ 相邻低压级抽汽效率差较大时，对汽轮机内效率影响大。

高压和低压加热器组内低压级加热器疏水份额大，增减疏水冷却器疏水焓值变化大的两类加热器，其DC增减对汽轮机内效率改变的影响较大。

(2) 疏水冷却器分析系统的局部定量结果

由表4-14可见，取消#8加热器的DC，使热耗率增加0.1 kJ/(k·Wh)、取消#7加热器的DC，使热耗率增加0.9 kJ/(k·Wh)。

表4-14 取消DC(无DC系统)的局部定量分析汇总

序号	符号	#8 SC/F	#7 SC/F	#6 SC/F	#5 C	#4 SC/F	#3 F	#2 F(P)	#1 F(W)
1	饱和水焓/(kJ/kg)	1 045.8	936.3	782.9	667	640.1	520.7	452.9	321.4
2	疏水焓/(kJ/kg)	1 045.8	936.3	782.9	667	640.1	520.7	452.9	321.4
3	焓差/(kJ/kg)	10.8	45.7	0	0	0	0	0	0
4	热耗率/(kJ/(k·Wh))	0.131 761	0.887 632	0	0	0	0	0	0

由表 4-15 可见，增加＃6 加热器的 DC，使热耗率降低 1.9 kJ/(k・Wh)、增加＃4 加热器的 DC，使热耗率降低 1.3 kJ/(k・Wh)、增加＃3 加热器的 DC，使热耗率降低0.3 kJ/(k・Wh)。

表 4-15　增加 DC(全 DC 系统)的局部定量分析汇总

序号	符号	＃8 SC/F/DC	＃7 SC/F/DC	＃6 SC/F/DC	＃5 C	＃4 SC/F/DC	＃3 F/DC	＃2 F(P)	＃1 F(W)
1	饱和水焓/(kJ/kg)	1 045.8	936.3	782.9	667	640.1	520.7	452.9	321.4
2	出水焓/(kJ/kg)	1 042	932.1	786	667	633	506	439.8	305.8
3	疏水焓/(kJ/kg)	1 035	890.6	727.708 6	667	566.708 6	500.508 6	452.9	321.4
4	焓差/(kJ/kg)	0	0	−55.191 4	0	−73.391 4	−20.191 4	0	0
5	热耗率/(kJ/(k・Wh))	0	0	−1.885 24	0	−1.330 37	−0.289 02	0	0

4.4　疏水泵的分析

4.4.1　机理分析与参数计算

疏水泵(DP)利用疏水泵的升压作用(疏水压力低于出水压力)，将疏水(本级接收的高压级疏水与本级抽汽凝结放热产生的疏水)送至加热器出口，其对表面式加热器回热效果的改善作用主要体现在两个方面：一方面是避免了本级疏水的热量排挤低压级抽汽；另一方面是利用较高的本级疏水焓，提升混合点后出水焓(见图 1-8)。

疏水泵(DP)对表面式加热器回热效果改善的作用优于疏水冷却器(DC)，前者既可以避免疏水热量排挤低压抽汽，还具有提升本级加热器出水焓(混合点后焓)的效果。

但由于疏水泵是流体机械，其投资和运行费用较高，其存在疏水泵汽蚀的危险，对汽轮机热力系统的运行可靠性也有一定的影响。所以，疏水泵多用于低压加热器组，且一般不超过 2 台。

疏水泵安装位置的选择，主要考虑疏水流量和疏水焓两个方面，对于低压加热器组内的高压级，其疏水焓较高，但疏水流量较少，而低压级则相反。

疏水泵常常用于次末级加热器或次末级加热器的高压级。

疏水泵分析系统一(表 4-16)：取消＃2 加热器的 DP，疏水自流至＃1。

表 4-16　系统一参数变化一览表

序号	名称	h_{w2}/(kJ/kg)	h_{d2}/(kJ/kg)	q_2/(kJ/kg)	γ_2/(kJ/kg)	τ_2/(kJ/kg)	r_1/(kJ/kg)
1	取消 DP	439.8	452.9	2 435.5	67.8	147.1	312.2
2	变化量	−1.578 22		−147.1	−147.1	−1.578 22	

疏水泵分析系统二(表 4-17)：增加＃3 加热器的 DP。

表 4-17　系统二参数变化一览表

序号	名称	h'_{w3}/(kJ/kg)	h'_{w2}/(kJ/kg)	q_3/(kJ/kg)	γ_3/(kJ/kg)	τ_3/(kJ/kg)
1	增加 DP	507.061 2	440.483 2	2 539.017	199.616 8	66.578
2	变化量	1.061 169	−0.895 05	80.216 83	80.216 83	1.956 22

4.4.2　疏水泵分析系统的简捷热平衡模型

结合 N200MW 机组热力系统的特点，针对两种分析系统，分别推导简捷热平衡与等效焓降分析模型。

(1) 疏水泵分析系统一：取消＃2 加热器的 DP，疏水自流至＃1

＃2 出水焓为混合点前焓 h_{w2}：

＃2 出水焓增量为：

$$\Delta h_{w2} = h_{w2} - h'_{w2}\text{（本例中为负值）}$$

＃2 抽汽放热量为：

$$q_2 = h_2 - h_{d2}$$

＃2 抽汽放热量增量为：

$$\Delta q_2 = h_{w1} - h_{d2}\text{（本算例为负值）}$$

＃2 疏水放热量为：

$$\gamma_2 = h_{d3} - h_{d2}$$

＃2 疏水放热量增量为：

$$\Delta\gamma_2 = h_{w1} - h_{d2} = \Delta q_2$$

＃2 给水吸热量为：

$$\tau_2 = h_{w2} - h_{w1}$$

#2 给水吸热量增量为：

$$\Delta\tau_2 = h_{w2} - h'_{w2} = \Delta h_{w2}$$

#1 疏水放热量为：

$$\gamma_1 = h_{d2} - h_{wc}$$

#1 出水份额为：

$$A_1 = A_2$$

#1 疏水份额为：

$$B_1 = B_2 + \alpha_2$$

(2) 疏水泵分析系统二：#3 加热器增加 DP

#3 出水焓为混合点后焓：

$$h'_{w3} = 506 + \frac{(B_3 + \alpha_3)}{A_3} \cdot (h_{d3} - 506)$$

#3 出水焓增量为：

$$\Delta h_{w3} = h'_{w3} - h_{w3} = \frac{(B_3 + \alpha_3)}{A_3} \cdot (h_{d3} - 506)$$（本例中为正值）

#2 出水焓增量为：

$$\Delta h_{w2} = h'_{w2} - h'_{w2\_org}$$（由于#3 加 DP，本例中为负值）

#3 抽汽放热量为：

$$q_3 = h_3 - h'_{w2}$$

#3 抽汽放热量增量为：

$$\Delta q_3 = h_{d3} - h'_{w2}$$（本例中为正值）

#3 疏水放热量为：

$$\gamma_3 = h_{d4} - h'_{w2}$$

#3 疏水放热量增量为：

$$\Delta\gamma_3 = h_{d3} - h'_{w2} = \Delta q_3$$

#3 给水吸热量为：

$$\tau_3 = h'_{w3} - h'_{w2}$$

#2 疏水放热量为：

$$\gamma_2 = 0$$

#2 出水份额为：

$$A_2 = A_3 - B_3 - \alpha_3$$

#2 疏水份额为：

$$B_2 = 0$$

4.4.3 疏水泵分析系统的等效焓降模型

(1) 疏水泵分析系统一：取消#2 加热器的 DP，疏水自流至#1

#2 抽汽放热量为：

$$q_2 = h_2 - h_{d2}$$

#2 疏水放热量为：

$$\gamma_2 = h_{d3} - h_{d2}$$

#2 给水吸热量为：

$$\tau_2 = h_{w2} - h_{w1}$$

#2 抽汽等效焓降为：

$$H_2 = h_2 - h_c - \frac{\gamma_1}{q_1} \cdot H_1 = h_2 - h_1 + \left(1 - \frac{\gamma_1}{q_1}\right) \cdot H_1$$

#2 抽汽效率为：

$$\eta_2 = \frac{H_2}{(h_2 - h_{d2})}$$

做功增量为：

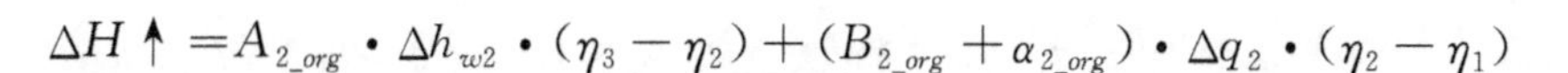

$$\Delta H \uparrow = A_{2\_org} \cdot \Delta h_{w2} \cdot (\eta_3 - \eta_2) + (B_{2\_org} + \alpha_{2\_org}) \cdot \Delta q_2 \cdot (\eta_2 - \eta_1)$$

式中，A_{2_org}、B_{2_org} 和 α_{2_org} 分别为基准系统＃2 的出水份额、疏水份额和抽汽份额；

η_3、η_2 和 η_1 则分别为当前工况下＃3、＃2 和＃1 的抽汽效率。

吸热增量为：

$$\Delta Q \uparrow = 0$$

效率相对变化为：

$$\delta\eta_i \uparrow = \frac{\Delta H - \Delta Q \cdot \eta_i}{H + \Delta H}$$

(2) 疏水泵分析系统二：＃3 加热器增加 DP

＃3 出水焓为混合点后焓：

$$h'_{w3} = 506 + \frac{(B_3 + \alpha_3)}{A_3} \cdot (h_{d3} - 506)$$

＃3 抽汽放热量为：

$$q_3 = h_3 - h'_{w2}$$

＃3 疏水放热量为：

$$\gamma_3 = h_{d4} - h'_{w2}$$

＃3 给水吸热量为：

$$\tau_3 = h'_{w3} - h'_{w2}$$

＃3 抽汽等效焓降为：

$$H_3 = h_3 - h_2 + H_2 - \frac{\tau_2}{q_2} \cdot H_2$$

＃3 抽汽效率为：

$$\eta_3 = \frac{H_3}{(h_3 - h'_{w2})}$$

做功增量为：

$$\Delta H\uparrow = A_{3\_org}\cdot\Delta h_{w3}\cdot(\eta_4-\eta_3)+(B_{3\_org}+\alpha_{3\_org})\cdot\Delta q_3\cdot(\eta_3-\eta_2)$$

式中，A_{3_org}、B_{3_org} 和 α_{3_org} 分别为基准系统＃3 出水份额、疏水份额和抽汽份额；η_4、η_3 和 η_2 则分别为当前工况下＃4、＃3 和＃2 的抽汽效率。

吸热增量为：

$$\Delta Q\uparrow = 0$$

效率相对变化为：

$$\delta\eta_i\uparrow = \frac{\Delta H-\Delta Q\cdot\eta_i}{H+\Delta H}$$

4.4.4 疏水泵分析系统一的定量分析

(1) 疏水泵分析系统一的简捷热平衡计算汇总

由表 4-18 可见，取消＃2 加热器的 DP 后，由于疏水热量排挤低压级抽汽，使汽轮机内效率降低 0.09%。

表 4-18 疏水泵分析系统一的简捷热平衡计算汇总表

初终再热参数								
序号	名称	新汽	再热	低进	名称	凝汽器	名称	凝汽器
1	蒸汽焓/(kJ/kg)	3 433.5	3 543	3 164.5	蒸汽焓/(kJ/kg)	2 438.1	排汽份额	0.690 164
2	蒸汽吸热量/(kJ/kg)	2 391.5	502.8	0	凝水焓/(kJ/kg)	140.7	凝水份额	0.690 164

加热器热平衡									
序号	符号	＃8 SC/F/DC	＃7 SC/F/DC	＃6 SC/F	＃5 C	＃4 SC/F	＃3 F	＃2 F	＃1 F(W)
1	h_j/(kJ/kg)	3 137.9	3 040.2	3 382.1	3 275.3	3 164.5	2 979.5	2 888.4	2 691.4
2	h_{wj}/(kJ/kg)	1 042	932.1	786	667	633	506	439.8	305.8
3	h_{dj}/(kJ/kg)	1 035	890.6	782.9	667	640.1	520.7	452.9	321.4
4	q_j/(kJ/kg)	2 102.9	2 149.6	2 599.2	2 642.3	2 524.4	2 458.8	2 435.5	2 550.7
5	γ_j/(kJ/kg)	0	144.4	107.7	149.9	0	119.4	67.8	312.2
6	τ_j/(kJ/kg)	109.9	146.1	119	34	127	66.2	134	165.1
7	A_j	1	1	1	1	0.838 413	0.838 413	0.838 413	0.838 413
8	B_j	0	0.052 261	0.116 717	0.157 664	0	0.042 18	0.062 705	0.107 088
9	α_j	0.052 261	0.064 455	0.040 947	0.003 923	0.042 18	0.020 525	0.044 383	0.041 161
10	h'_{w2}/(kJ/kg)	$h'_{w2}=439.8+(B_2+\alpha_2)/A_2\times(h_{d2}-439.8)$						441.473 225 8	
11	w_{ij}/(kJ/kg)	15.448 4	25.350 34	22.692 86	2.593 22	32.554 3	19.638 25	46.509 46	51.241 2

（续表）

热力系统热平衡									
序号	名称	数值	回热流	凝气流	附加 1	附加 2	附加 3	附加 4	附加 5
1	q_0/(kJ/kg)	2 835.615							
2	q_c/(kJ/kg)	1 585.583							
3	w_i/(kJ/kg)	1 250.032	216.028	1 034.004					
4	校验	0							
5	η_i	0.440 833			与基准系统效率相对变化率			−0.000 898 433	

(2) 疏水泵分析系统一的等效焓降计算汇总

由表 4-18 与表 4-19 对比可见：等效焓降局部定量计算结果与简捷热平衡计算结果（和总效率的相对变化率）完全相同，与基准系统比热耗率增加8.5 kJ/(k・Wh)。

表 4-19　疏水泵分析系统一的等效焓降计算汇总

初终再热参数									
序号	名称	新汽	再热	低进	名称	凝汽器	名称	凝汽器	
1	蒸汽焓/(kJ/kg)	3 433.5	3 543	3 164.5	蒸汽焓/(kJ/kg)	2 438.1	排汽份额	0.690 164	
2	蒸汽吸热量/(kJ/kg)	2 391.5	502.8	0	凝水焓/(kJ/kg)	140.7	凝水份额	0.690 164	
疏水泵分析系统等效焓降									
序号	符号	#8 SC/F/DC	#7 SC/F/DC	#6 SC/F	#5 C	#4 SC/F	#3 F	#2 F	#1 F(W)
1	h_j/(kJ/kg)	3 137.9	3 040.2	3 382.1	3 275.3	3 164.5	2 979.5	2 888.4	2 691.4
2	h_{wj}/(kJ/kg)	1 042	932.1	786	667	633	506	439.8	305.8
3	h_{dj}/(kJ/kg)	1 035	890.6	782.9	667	640.1	520.7	452.9	321.4
4	q_j/(kJ/kg)	2 102.9	2 149.6	2 599.2	2 642.3	2 524.4	2 458.8	2 435.5	2 550.7
5	γ_j/(kJ/kg)	0	144.4	107.7	149.9	0	119.4	67.8	312.2
6	τ_j/(kJ/kg)	109.9	146.1	119	34	127	66.2	134	165.1
7	H_j/(kJ/kg)	976.824 8	942.433	815.316 3	751.128 5	659.506	498.724 2	419.296 6	253.3
8	η_j	0.464 513	0.438 423	0.313 68	0.284 271	0.261 253	0.202 832	0.172 16	0.099 306
9	ΔQ_j/(kJ/kg)	469.024 3	502.8	0	0	0	0	0	0
10	ξ_j	0.223 037	0.233 904	0	0	0	0	0	0
11	H_m/(kJ/kg)	1 250.032							
12	H/(kJ/kg)	1 251.155							
13	η_i	0.441 229							

局部定量						
序号	名称	做功增量/(kJ/kg)	吸热增量/(kJ/kg)	效率相对变化	热耗率绝对变化/(kJ/(k・Wh))	标煤耗绝对变化/(kg/(k・Wh))
1	无 DP 和总	−1.123 07	0	−0.000 898 433	8.465 613 103	0.289 241 781

4.4.5 疏水泵分析系统二的定量分析

(1) 疏水泵分析系统二的简捷热平衡计算汇总

由表 4-20 可见，在＃3 加热器增加 DP 后，由于去除了疏水热量排挤低压级抽汽，且出水焓 h'_{w3} 有所提高，使汽轮机内效率提高 0.01%。

表 4-20　疏水泵分析系统二的简捷热平衡计算汇总表

初终再热参数

序号	名称	新汽	再热	低进	名称	凝汽器	名称	凝汽器
1	蒸汽焓/(kJ/kg)	3 433.5	3 543	3 164.5	蒸汽焓/(kJ/kg)	2 438.1	排汽份额	0.689 597
2	蒸汽吸热量/(kJ/kg)	2 391.5	502.8	0	凝水焓/(kJ/kg)	140.7	凝水份额	0.689 597

加热器热平衡

序号	符号	＃8 SC/F/DC	＃7 SC/F/DC	＃6 SC/F	＃5 C	＃4 SC/F	＃3 F(P)	＃2 F(P)	＃1 F(W)
1	h_j/(kJ/kg)	3 137.9	3 040.2	3 382.1	3 275.3	3 164.5	2 979.5	2 888.4	2 691.4
2	h_{wj}/(kJ/kg)	1 042	932.1	786	667	633	507.061 2	440.483 2	305.8
3	h_{dj}/(kJ/kg)	1 035	890.6	782.9	667	640.1	520.7	452.9	321.4
4	q_j/(kJ/kg)	2 102.9	2 149.6	2 599.2	2 642.3	2 524.4	2 539.017	2 582.6	2 550.7
5	γ_j/(kJ/kg)	0	144.4	107.7	149.9	0	199.616 8	0	0
6	τ_j/(kJ/kg)	109.9	146.1	119	34	125.938 8	66.578	134.683 2	165.1
7	A_j	1	1	1	1	0.838 413	0.838 413	0.777 889	0.737 322
8	B_j	0	0.052 261	0.116 717	0.157 664	0	0.041 827	0	0
9	α_j	0.052 261	0.064 455	0.040 947	0.003 923	0.041 827	0.018 696	0.040 567	0.047 725
10	h'_{w2}/(kJ/kg)	$h'_{w2}=439.8+(B_2+\alpha_2)/A_2\times(h_{d2}-439.8)$					507.061 168 8	440.483 167 9	
11	w_{ij}/(kJ/kg)	15.448 4	25.350 34	22.692 86	2.593 22	32.282 29	17.888 7	42.510 27	59.412 74

热力系统热平衡

序号	名称	数值	回热流	凝气流	附加 1	附加 2	附加 3	附加 4	附加 5
1	q_0/(kJ/kg)	2 835.615							
2	q_c/(kJ/kg)	1 584.281							
3	w_i/(kJ/kg)	1 251.334	218.178 8	1 033.155					
4	校验	0							
5	η_i	0.441 292			与基准系统效率相对变化率			0.000 142 859	

(2) 疏水泵分析系统二的等效焓降计算汇总

由表 4-20 与表 4-21 对比可见：等效焓降局部定量计算结果与简捷热平衡计算结果（和总效率的相对变化率）完全相同，与基准系统比热耗率降低 1.3 kJ/(k・Wh)。

表 4-21　疏水泵分析系统二的等效焓降计算汇总表

疏水泵分析系统等效焓降									
序号	符号	#8 SC/F/DC	#7 SC/F/DC	#6 SC/F	#5 C	#4 SC/F	#3 F(P)	#2 F(P)	#1 F(W)
1	h_j/(kJ/kg)	3 137.9	3 040.2	3 382.1	3 275.3	3 164.5	2 979.5	2 888.4	2 691.4
2	h_{wj}/(kJ/kg)	1 042	932.1	786	667	633	507.061 2	440.483 2	305.8
3	h_{dj}/(kJ/kg)	1 035	890.6	782.9	667	640.1	520.7	452.9	321.4
4	q_j/(kJ/kg)	2 102.9	2 149.6	2 599.2	2 642.3	2 524.4	2 539.017	2 582.6	2 550.7
5	γ_j/(kJ/kg)	0	144.4	107.7	149.9	0	199.616 8	214.9	0
6	τ_j/(kJ/kg)	109.9	146.1	119	34	125.938 8	66.578	134.683 2	165.1
7	H_j/(kJ/kg)	978.134 5	943.837	816.781	752.681 2	647.879 7	502.376 3	433.904 6	253.3
8	η_j	0.465 136	0.439 076	0.314 243	0.284 858	0.256 647	0.197 863	0.168 011	0.099 306
9	ΔQ_j/(kJ/kg)	469.024 3	502.8	0	0	0	0	0	0
10	ξ_j	0.223 037	0.233 904	0	0	0	0	0	0

（续表）

序号	符号	#8 SC/F/DC	#7 SC/F/DC	#6 SC/F	#5 C	#4 SC/F	#3 F(P)	#2 F(P)	#1 F(W)
11	H_m/(kJ/kg)	1 251.334							
12	H/(kJ/kg)	1 251.155							
13	η_i	0.441 229							

等效焓降局部定量						
序号	名称	做功增量/(kJ/kg)	吸热增量/(kJ/kg)	效率相对变化	热耗率绝对变化/(kJ/(k·Wh))	标煤耗绝对变化/(kg/(k·Wh))
1	有 DP	0.201 165	0	0.000 160 758	−1.514 763 243	−0.051 754 411
2	dh'_{w2}	−0.022 4	0	−1.790 49E−05	0.168 711 81	0.005 764 32
3	和总	0.178 764	0	0.000 142 859	−1.346 105 673	−0.045 991 944

4.4.6　主要结论

(1) 疏水泵分析系统对汽轮机内效率的影响分析

根据疏水冷却器对汽轮机内效率影响的等效焓降模型，可以发现以下影响因素：

① 同样疏水焓的改变时，高压加热器疏水份额(流量)大，对内效率影响大。

② 疏水冷却器端差较小时，疏水焓升高 Δh_{wj} 较大，对内效率影响大。

③ 相邻低压级抽汽效率差较大时，对汽轮机内效率影响大。

可见，疏水份额和疏水焓是需要综合考虑的因素，一般次末级使用 DP 效果比较好。

(2) 局部定量结果

由表 4-19 可见，取消 ＃2 加热器的 DP，与基准系统相比，热耗率增加8.5 kJ/(k・Wh)。

由表 4-21 可见，增加 ＃3 加热器的 DP，与基准系统相比，热耗率降低1.3 kJ/(k・Wh)。

4.5 轴封漏汽利用系统分析

4.5.1 机理分析与参数计算

轴封漏汽及其回收利用的机理分析同 3.4.1 节。

N200MW 机组共有 10 股轴封漏汽，除了 4 股轴封漏汽来自再热冷段外，其余 6 股轴封漏汽均来自再热热段。

考虑到轴封漏汽的参数(轴封漏汽焓)，我们关注 2 股来自高压缸前轴封(再热冷段的高压高温)的轴封漏汽①和轴封漏汽③；以及 2 股来自中压缸前轴封(再热热段的中压高温)的轴封漏汽⑤和轴封漏汽⑦。

根据冷段漏汽回收到冷段以及尽量提高回收利用能级的原则，提出轴封漏汽系统的完善化改进方案(见表 4-22)。

表 4-22　重点轴封漏汽利用系统的完善化方案

序号	名称	份额	漏汽焓/(kJ/kg)	带热量/(kJ/kg)	原去向	进入焓/(kJ/kg)	新去向	进入焓/(kJ/kg)
1	轴封①	0.002 84	3 433.5	9.751 14	＃7	3 040.2	＃8	3 137.9
2	轴封③	0.000 2	3 433.5	0.686 7	＃5	3 275.3	＃7	3 040.2
3	轴封⑤	0.000 23	3 543	0.814 89	＃5	3 275.3	＃6	3 382.1
4	轴封⑦	0.003 9	3 543	13.817 7	＃4	3 164.5	＃5	3 275.3

其中，轴封⑦和轴封①所携带的热量比较大。

4.5.2 轴封漏汽利用分析系统的简捷热平衡模型

(1) 现有方案的简捷热平衡算法模型(见 3.4.2 节)

(2) 完善化方案的简捷热平衡算法模型

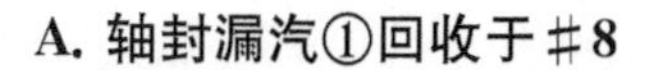

A. 轴封漏汽①回收于#8

#8 抽汽份额的增量为：$\Delta\alpha_8 = \dfrac{-\alpha_{f1} \cdot (h_{f1} - h_{d8})}{(h_8 - h_{d8})}$

#7 疏水份额的增量为：$\Delta B_7 = \alpha_{f1}$

排汽份额的增量为：$\Delta\alpha_c = -\alpha_{f1}$

汽轮机做功增量为：$\Delta w_i = \alpha_{f1} \cdot (h_0 - h_{f1})$，为冷段漏汽在汽轮机内做功量。

汽轮机吸热增量为：$\Delta q_0 = -\alpha_{f1} \cdot \sigma$，为冷段漏汽旁路再热器少吸热。

B. 轴封漏汽③回收于#7

#7 抽汽份额的增量为：$\Delta\alpha_7 = \dfrac{-\alpha_{f3} \cdot (h_{f3} - h_{d7})}{(h_7 - h_{d7})}$

#6 疏水份额的增量为：$\Delta B_6 = \alpha_{f3}$

排汽份额的增量为：$\Delta\alpha_c = -\alpha_{f3}$

汽轮机做功增量为：$\Delta w_i = \alpha_{f3} \cdot (h_0 - h_{f3})$，为冷段漏汽在汽轮机内做功量。

汽轮机吸热增量为：$\Delta q_0 = -\alpha_{f3} \cdot \sigma$，为冷段漏汽旁路再热器少吸热。

C. 轴封漏汽⑤回收于#6

#6 抽汽份额的增量为：$\Delta\alpha_6 = \dfrac{-\alpha_{f5} \cdot (h_{f5} - h_{d6})}{(h_6 - h_{d6})}$

#5 疏水份额的增量为：$\Delta B_5 = \alpha_{f5}$

排汽份额的增量为：$\Delta\alpha_c = -\alpha_{f5}$

汽轮机做功增量为：$\Delta w_i = \alpha_{f5} \cdot (h_0 - h_{f5} + \sigma)$ 为热段漏汽在汽轮机内做功量。

汽轮机吸热增量为：$\Delta q_0 = 0$

D. 轴封漏汽⑦回收于#5

#5 抽汽份额的增量为：$\Delta\alpha_5 = \dfrac{-\alpha_{f7} \cdot (h_{f7} - h_{w4})}{(h_5 - h_{w4})}$

#4 出水份额的增量为：$\Delta A_4 = -\alpha_{f7}$

排汽份额的增量为：$\Delta\alpha_c = -\alpha_{f7}$

汽轮机做功增量为：$\Delta w_i = \alpha_{f7} \cdot (h_0 - h_{f7} + \sigma)$ 为热段漏汽在汽轮机内做功量。

汽轮机吸热增量为：$\Delta q_0 = 0$

4.5.3 轴封漏汽利用分析系统的等效焓降模型

(1) 现有方案的等效焓降算法模型(见 3.4.3 节)

(2) 完善化方案的等效焓降算法模型

A. 轴封漏汽①回收于#8

汽轮机做功增量为：

$$\Delta H\uparrow=-\alpha_{f1}\cdot[h_{f1}-h_c+\sigma-(h_{f1}-h_8)\cdot\eta_8-(h_8-h_c+\sigma)]$$

汽轮机吸热增量为：

$$\Delta Q\uparrow=-\alpha_{f1}\cdot[\sigma-(h_{f1}-h_8)\cdot\zeta_8-\sigma]$$

汽轮机效率相对变化率为：

$$\delta\eta_i\uparrow=\frac{\Delta H-\Delta Q\cdot\eta_i}{H+\Delta H}$$

B. 轴封漏汽③回收于#7

汽轮机做功增量为：

$$\Delta H\uparrow=-\alpha_{f3}\cdot[h_{f3}-h_c+\sigma-(h_{f3}-h_7)\cdot\eta_7-(h_7-h_c+\sigma)]$$

汽轮机吸热增量为：

$$\Delta Q\uparrow=-\alpha_{f3}\cdot[\sigma-(h_{f3}-h_7)\cdot\zeta_7-\sigma]$$

汽轮机效率相对变化率为：

$$\delta\eta_i\uparrow=\frac{\Delta H-\Delta Q\cdot\eta_i}{H+\Delta H}$$

C. 轴封漏汽⑤回收于#6

汽轮机做功增量为：

$$\Delta H\uparrow=-\alpha_{f5}\cdot[h_{f5}-h_c-(h_{f5}-h_6)\cdot\eta_6-(h_6-h_c)]$$

汽轮机吸热增量为：

$$\Delta Q\uparrow=0$$

汽轮机效率相对变化率为：

$$\delta\eta_i\uparrow=\frac{\Delta H-\Delta Q\cdot\eta_i}{H+\Delta H}$$

D. 轴封漏汽⑦回收于#5

汽轮机做功增量为：

$$\Delta H\uparrow=-\alpha_{f7}\cdot[h_{f7}-h_c-(h_{f7}-h_5)\cdot\eta_5-(h_5-h_c)]$$

汽轮机吸热增量为：

$$\Delta Q\uparrow=0$$

汽轮机效率相对变化率为：

$$\delta\eta_i\uparrow=\frac{\Delta H-\Delta Q\cdot\eta_i}{H+\Delta H}$$

4.5.4 轴封漏汽利用分析系统的定量分析

(1) 现有系统(4 股漏汽)的简捷热平衡计算汇总(表 4-23)

由表 4-23 可见，现有轴封漏汽利用系统，与基准系统相比，汽轮机内效率降低 0.16%。

表 4-23　现有系统(4 股漏汽)的热平衡计算

初终再热参数								
序号	名称	新汽	再热	低进	名称	凝汽器	名称	凝汽器
1	蒸汽焓/(kJ/kg)	3 433.5	3 543	3 164.5	蒸汽焓/(kJ/kg)	2 438.1	排汽份额	0.690 568
2	蒸汽吸热量/(kJ/kg)	2 391.5	502.8	0	凝水焓/(kJ/kg)	140.7	凝水份额	0.690 568

加热器热平衡									
序号	符号	#8 SC/F/DC	#7 SC/F/DC	#6 SC/F	#5 C	#4 SC/F	#3 F	#2 F(P)	#1 F(W)
1	h_j/(kJ/kg)	3 137.9	3 040.2	3 382.1	3 275.3	3 164.5	2 979.5	2 888.4	2 691.4
2	h_{wj}/(kJ/kg)	1 042	932.1	786	667	633	506	441.370 3	305.8
3	h_{dj}/(kJ/kg)	1 035	890.6	782.9	667	640.1	520.7	452.9	321.4
4	q_j/(kJ/kg)	2 102.9	2 149.6	2 599.2	2 642.3	2 524.4	2 458.8	2 582.6	2 550.7
5	γ_j/(kJ/kg)	0	144.4	107.7	149.9	0	119.4	214.9	0
6	τ_j/(kJ/kg)	109.9	146.1	119	34	127	64.629 75	135.570 3	165.1
7	A_j	1	1	1	1	0.838 918	0.838 918	0.838 918	0.738 36
8	B_j	0	0.052 261	0.116 197	0.157 166	0	0.041 62	0.061 65	0
9	α_j	0.052 261	0.061 096	0.040 969	0.003 486	0.037 72	0.020 03	0.038 908	0.047 792
10	h'_{w2}/(kJ/kg)	$h'_{w2}=439.8+(B_2+\alpha_2)/A_2\times(h_{d2}-439.8)$						441.370 252 3	
11	w_{ij}/(kJ/kg)	15.448 4	24.029	22.704 8	2.304 35	29.112 58	19.164 64	40.771 65	59.496 35

（续表）

热力系统热平衡									
序号	名称	数值	回热流	凝气流	附加 1	附加 2	附加 3	附加 4	附加 5
1	q_0/(kJ/kg)	2 835.776			−1.427 95	−0.100 56	0	0	
2	q_c/(kJ/kg)	1 586.511							
3	w_i/(kJ/kg)	1 249.265	213.031 8	1 034.609	0	0	0.090 459	1.533 87	
4	校验	0							
5	η_i	0.440 537			与基准系统效率相对变化率			−0.001 569 679	

(2) 现有系统(4 股漏汽)的等效焓降计算汇总(表 4-24)

表 4-24 现有系统(4 股漏汽)的等效焓降计算汇总表

轴封漏汽利用分析系统等效焓降									
序号	符号	#8 SC/F/DC	#7 SC/F/DC	#6 SC/F	#5 C	#4 SC/F	#3 F	#2 F(P)	#1 F(W)
1	q_j/(kJ/kg)	2 102.9	2 149.6	2 599.2	2 642.3	2 524.4	2 458.8	2 582.6	2 550.7
2	γ_j/(kJ/kg)	0	144.4	107.7	149.9	0	119.4	214.9	0
3	τ_j/(kJ/kg)	109.9	146.1	119	34	127	64.629 75	135.570 3	165.1
4	H_j/(kJ/kg)	977.954 4	943.644	816.579 6	752.467 8	650.158	488.899 1	433.904 6	253.3
5	η_j	0.465 05	0.438 986	0.314 166	0.284 778	0.257 55	0.198 836	0.168 011	0.099 306
6	ΔQ_j/(kJ/kg)	469.024 3	502.8	0	0	0	0	0	0
7	ξ_j	0.223 037	0.233 904	0	0	0	0	0	0
8	H/(kJ/kg)	1 251.155							
9	η_i	0.441 229							

局部定量						
序号	名称	做功增量/(kJ/kg)	吸热增量/(kJ/kg)	效率相对变化	热耗率绝对变化/(kJ/(k·Wh))	标煤耗绝对变化/(kg/(k·Wh))
1	α_{f1}	−0.626 64	0.261 264	−0.000 593 281	5.590 271 038	0.191 000 927
2	α_{f3}	−0.123 19	−0.100 56	−6.302 91E-05	0.593 900 479	0.020 291 6
3	α_{f5}	−0.044 04	0	−3.519 83E-05	0.331 660 779	0.011 331 743
4	α_{f7}	−1.095 97	0	−0.000 876 733	8.261 141 831	0.282 255 679
5	dh'_{w2}	−0.000 21	0	−1.645 57E-07	0.001 550 562	5.297 75E-05
6	和总	−1.890 04	0.160 704	−0.001 569 679	14.790 522 29	0.505 342 845

由表 4-24 与表 4-23 对比可见：①等效焓降局部定量计算结果与简捷热平衡计算结果(和总效率的相对变化率)完全相同，与基准系统比热耗率增加 14.8 kJ/(k·Wh)；②等效焓降可以实现局部定量分析，其中，轴封⑦使热耗率增加 8.3 kJ/(k·Wh)、轴封①使热耗率增加 5.6 kJ/(k·Wh)。

(3) 轴封漏汽利用分析系统(完善化系统)的等效焓降计算汇总(表 4-25)

表 4-25　轴封漏汽利用分析系统(完善化系统)的等效焓降局部定量计算表

等效焓降局部定量						
序号	名称	做功增量/(kJ/kg)	吸热增量/(kJ/kg)	效率相对变化	热耗率绝对变化/(kJ/(k·Wh))	标煤耗绝对变化/(kg/(k·Wh))
1	轴封①	−0.449 09	0.187 24	−0.000 425 126	4.005 813 889	0.136 865 308
2	轴封③	−0.044 13	0.018 399	−4.176 09E-05	0.393 497 764	0.013 444 507
3	轴封⑤	−0.025 38	0	−2.028 62E-05	0.191 149 584	0.006 530 944
4	轴封⑦	−0.746 71	0	−0.000 597 176	5.626 973 551	0.192 254 93
5	dh'_{w2}	−0.000 21	0	−1.645 57E-07	0.001 550 562	5.297 75E-05
6	和总	−1.265 52	0.205 639	−0.001 085 101	10.224 513 37	0.349 337 54

由表 4-25 与表 4-24 对比可见：①改进前，轴封漏气利用系统与基准系统相比，热耗率增加 14.8 kJ/(k·Wh)；②改进后，轴封漏气利用系统与基准系统相比，热耗率增加 10.2 kJ/(k·Wh)；③改进后，汽轮机内效率提高。

4.5.5　主要结论

(1) 轴封漏汽利用对汽轮机内效率的影响

根据轴封漏汽利用系统的等效焓降模型，影响汽轮机内效率的主要因素是：

①轴封漏汽份额(流量)较大时，轴封漏汽损失较大。

②冷段漏汽回收到冷段，净损失功较少，能量回收率较高。

③在温度接近的情况下，尽量回收到较高的能级(抽汽效率高的加热器级)。

可见，再热冷段轴封漏汽回收利用于再热冷段，根据焓值接近的原则，轴封漏汽应尽量回收于高压级加热器(抽汽效率较高的级)。

(2) 局部定量结果

由表 4-26 可见：轴封⑦改进后，汽轮机内效率提升 0.03%，热耗率下降 2.63 kJ/(k·Wh)；轴封①改进后，汽轮机内效率提升 0.02%，热耗率下降 1.58 kJ/(k·Wh)；全系统改进后，汽轮机内效率提升 0.048%，热耗率下降 4.56 kJ/(k·Wh)。

表 4-26　完善化前后经济性对比

序号	名称	份额	漏汽焓/(kJ/kg)	现系统		完善化系统		效果	
				变化率	效率	变化率	效率	相对率	热耗差/(kJ/(k·Wh))
1	轴封①	0.002 84	3 433.5	−0.000 59	0.440 967	−0.000 43	0.441 041	0.000 168	−1.583 52
2	轴封③	0.000 2	3 433.5	−6.3E-05	0.441 201	−4.2E-05	0.441 21	2.13E-05	−0.200 39

(续表)

序号	名称	份额	漏汽焓/(kJ/kg)	现系统		完善化系统		效果	
				变化率	效率	变化率	效率	相对率	热耗差/(kJ/(k·Wh))
3	轴封⑤	0.000 23	3 543	−3.5E−05	0.441 213	−2E−05	0.441 22	1.49E−05	−0.140 51
4	轴封⑦	0.003 9	3 543	−0.000 88	0.440 842	−0.000 6	0.440 965	0.000 279	−2.631 86
5	和总			−0.001 57	0.440 537	−0.001 09	0.440 751	0.000 484	−4.558 85

4.6 减温喷水系统分析

4.6.1 机理分析与参数计算

由于机组负荷或者煤种的大范围变化，过热汽温和再热汽温难以维持恒定，特别是当汽温超温时，对设备的安全性产生较大危害，必须采取减温喷水控制过热汽温和再热汽温。

根据减温喷水的来源，分为源自高加出口和源自给水泵出口（或给水泵中心抽头）两种；根据减温喷水的去向，同样分为进入过热器（随主蒸汽进入高压缸进口）和进入再热器（随再热蒸汽进入中压缸进口）两种。

我们将每一股减温喷水离开热力系统与进入热力系统的组合称为该股减温喷水系统，这种系统包含以下四种情形：情形 1：高加出口减温水进入过热器；情形 2：给水泵出口减温水进入过热器；情形 3：高加出口减温水进入再热器；情形 4：给水泵中心抽头减温水进入再热器。

减温喷水系统的分析策略有以下两种方案：一是等减温水量（或份额）分析；二是等降温幅度分析。前者可以针对减温水进出热力系统的不同情形，单纯比较各种减温喷水系统的经济性；后者可以综合考虑减温水量需求以及减温水进出热力系统的不同情形，综合比较各种减温喷水系统的经济性。

对于等降温幅度的分析，需要由过热器或再热器的热平衡，分别确定减温喷水份额。

情形 1：$\alpha_{ps}=\dfrac{(h_0'-h_0)}{(h_0'-h_{w8})}$ （h_0'、h_0、h_{w8} 分别是超温后与前主汽焓和减温水焓）

情形 2：$\alpha_{ps}=\dfrac{(h_0'-h_0)}{(h_0'-h_{w5})}$ （h_0'、h_0、h_{w5} 分别是超温后与前主汽焓和减温水焓）

情形 3：$\alpha_{ps}=\dfrac{\alpha_{rh}\cdot(h'_{rh}-h_{rh})}{(h'_{rh}-h_{w8})}$　（α_{rh}、h'_{rh}、h_{rh}、h_{w8} 分别是再热汽份额、超温后与前再热汽焓和减温水焓）

情形 4：$\alpha_{ps}=\dfrac{\alpha_{rh}\cdot(h'_{rh}-h_{rh})}{(h'_{rh}-h_{w5})}$　（α_{rh}、h'_{rh}、h_{rh}、h_{w5} 分别是再热汽份额、超温后与前再热汽焓和减温水焓）

等降温幅度（假设过热汽温和再热汽温均超温 5℃），四种情形的减温喷水份额计算结果见表 4-27。

表 4-27　减温喷水方案及其参数一览表

序号	方案	名称	过热器减温		再热器减温	
			自高加	自给泵	自高加	自给泵
1	等降温	超温焓/(kJ/kg)	3 446.483	3 446.483	3 553.912	3 553.912
2		原汽焓/(kJ/kg)	3 433.5	3 433.5	3 543	3 543
3		减温水焓/(kJ/kg)	1 042	667	1 042	667
4		水份额	0.005 399	0.004 671	0.003 837	0.003 339
5	等水量	水份额	0.005	0.005	0.005	0.005

4.6.2　减温喷水分析系统的简捷热平衡模型

(1) 情形 1：高加出口减温水进入过热器

由于减温喷水仅仅造成锅炉内各受热面间热量重新分配，对于汽轮机做功量和吸热量均未产生影响，所以，对汽轮机内效率无影响。

$$dq_0=0$$

$$dw_i=0$$

(2) 情形 2：给水泵出口减温水进入过热器

减温喷水旁路高压加热器，造成其出水份额减少（与减温水份额相等），高压加热器组内各级抽汽份额减少；同时，锅炉内多吸热（减温水份额与高压加热器组各级给水吸热总和的乘积）。

$$dA_8=-\alpha_{ps2}$$

$$dA_7=-\alpha_{ps2}$$

$$dA_6=-\alpha_{ps2}$$

$$dA_5=\alpha_{ps2}$$

$$dq_0=\alpha_{ps2}\cdot(\tau_8+\tau_7+\tau_6)$$

(3) 情形 3：高加出口减温水进入再热器

减温喷水旁路汽轮机高压缸，汽轮机减少做功（减温水份额与高压缸焓降的乘积）；同时，锅炉内减少吸热（减温水份额与高压缸焓降的乘积）。

$$dq_0 = -\alpha_{ps3} \cdot (h_0 - h_7)$$
$$dw_i = -\alpha_{ps3} \cdot (h_0 - h_7)$$

(4) 情形 4：给水泵中心抽头减温水进入再热器

减温喷水旁路高压加热器，造成其出水份额减少（与减温水份额相等），高压加热器组内各级抽汽份额减少；减温喷水旁路汽轮机高压缸，汽轮机减少做功（减温水份额与高压缸焓降的乘积）；同时，锅炉内减少吸热 1（减温水份额与高压缸焓降的乘积）以及锅炉内减少吸热 2（减温水份额与高压加热器组各级给水吸热总和的乘积）。

$$dA_8 = -\alpha_{ps4}$$
$$dA_7 = -\alpha_{ps4}$$
$$dA_6 = -\alpha_{ps4}$$
$$dA_5 = \alpha_{ps4}$$
$$dq_0 = -\alpha_{ps4} \cdot (h_0 - h_7 - \tau_8 - \tau_7 - \tau_6)$$
$$dw_i = -\alpha_{ps3} \cdot (h_0 - h_7)$$

4.6.3 减温喷水分析系统的等效焓降模型

(1) 情形 1：高加出口减温水进入过热器

做功增量为：$dH \uparrow = 0$

吸热增量为：$dQ \uparrow = 0$

效率相对变化为：$\delta\eta_i \uparrow = \dfrac{\Delta H - \Delta Q \cdot \eta_i}{H + \Delta H}$

(2) 情形 2：给水泵出口减温水进入过热器

做功增量为：

$$dH \uparrow = \alpha_{ps2} \cdot (\tau_8 \cdot \eta_8 + \tau_7 \cdot \eta_7 + \tau_6 \cdot \eta_6)$$

吸热增量为：

$$dQ\uparrow=\alpha_{ps2}\cdot(\tau_8\cdot\zeta_8+\tau_7\cdot\zeta_7+\tau_8+\tau_7+\tau_6)$$

效率相对变化为：$\delta\eta_i\uparrow=\dfrac{\Delta H-\Delta Q\cdot\eta_i}{H+\Delta H}$

(3) 情形 3：高加出口减温水进入再热器

做功增量为：$dH\uparrow=-\alpha_{ps3}\cdot(h_0-h_7)$

吸热增量为：$dQ\uparrow=-\alpha_{ps3}\cdot(h_0-h_7)$

效率相对变化为：$\delta\eta_i\uparrow=\dfrac{\Delta H-\Delta Q\cdot\eta_i}{H+\Delta H}$

(4) 情形 4：给水泵中心抽头减温水进入再热器

做功增量为：

$$dH\uparrow=-\alpha_{ps4}\cdot(h_0-h_7-\tau_8\cdot\eta_8-\tau_7\cdot\eta_7-\tau_6\cdot\eta_6)$$

吸热增量为：

$$dQ\uparrow=-\alpha_{ps4}\cdot(h_0-h_7-\tau_8\cdot\zeta_8-\tau_7\cdot\zeta_7-\tau_8-\tau_7-\tau_6)$$

效率相对变化为：$\delta\eta_i\uparrow=\dfrac{\Delta H-\Delta Q\cdot\eta_i}{H+\Delta H}$

4.6.4　减温喷水分析系统的定量分析

(1) 减温喷水分析系统的简捷热平衡计算汇总

由表 4-28 可见，减温喷水(等降温幅度)分析系统与基准系统相比，使汽轮机内效率降低 0.15%。

表 4-28　减温喷水(等降温幅度)的热平衡计算表

初终再热参数								
序号	名称	新汽	再热	低进	名称	凝汽器	名称	凝汽器
1	蒸汽焓/(kJ/kg)	3 433.5	3 543	3 164.5	蒸汽焓/(kJ/kg)	2 438.1	排汽份额	0.690 655
2	蒸汽吸热量/(kJ/kg)	2 391.5	502.8	0	凝水焓/(kJ/kg)	140.7	凝水份额	0.690 655

加热器热平衡									
序号	符号	#8 SC/F/DC	#7 SC/F/DC	#6 SC/F	#5 C	#4 SC/F	#3 F	#2 F(P)	#1 F(W)
1	h_j/(kJ/kg)	3 137.9	3 040.2	3 382.1	3 275.3	3 164.5	2 979.5	2 888.4	2 691.4
2	h_{wj}/(kJ/kg)	1 042	932.1	786	667	633	506	441.378 2	305.8
3	h_{dj}/(kJ/kg)	1 035	890.6	782.9	667	640.1	520.7	452.9	321.4

（续表）

加热器热平衡									
序号	符号	#8 SC/F/DC	#7 SC/F/DC	#6 SC/F	#5 C	#4 SC/F	#3 F	#2 F(P)	#1 F(W)
4	q_j/(kJ/kg)	2 102.9	2 149.6	2 599.2	2 642.3	2 524.4	2 458.8	2 582.6	2 550.7
5	γ_j/(kJ/kg)	0	144.4	107.7	149.9	0	119.4	214.9	0
6	τ_j/(kJ/kg)	109.9	146.1	119	34	127	64.621 78	135.578 2	165.1
7	A_j	0.991 99	0.991 99	0.991 99	1	0.839 604	0.839 604	0.839 604	0.738 453
8	B_j	0	0.051 843	0.115 782	0.156 401	0	0.042 24	0.062 255	0
9	α_j	0.051 843	0.063 939	0.040 619	0.003 995	0.042 24	0.020 015	0.038 896	0.047 798
10	h'_{w2}/(kJ/kg)	$h'_{w2}=439.8+(B_2+\alpha_2)/A_2\times(h_{d2}-439.8)$						441.378 218 6	
11	w_{ij}/(kJ/kg)	15.324 67	25.147 29	22.511 11	2.640 574	32.600 55	19.150 52	40.759 4	59.503 86

热力系统热平衡									
序号	名称	数值	回热流	凝气流	附加 1	附加 2	附加 3	附加 4	附加 5
1	q_0/(kJ/kg)	2 836.266				1.751 607	−1.509 1	−0.061 1	
2	q_c/(kJ/kg)	1 586.711							
3	w_i/(kJ/kg)	1 249.555	217.638	1 034.739			−1.509 1	−1.313 07	
4	校验	0							
5	η_i	0.440 563			与基准系统效率相对变化率			−0.001 510 221	

(2) 减温喷水分析系统的等效焓降计算汇总

由表 4-29 与表 4-28 对比可见：①等效焓降局部定量计算结果与简捷热平衡计算结果（和总效率的相对变化率）完全相同，与基准系统比热耗率增加 14.2 kJ/(k·Wh)；②等效焓降可以实现局部定量分析。其中，减温喷水 4 使热耗率增加 6.5 kJ/(k·Wh)、减温喷水 3 使热耗率增加 6.4 kJ/(k·Wh)、减温喷水 2 使热耗率增加 1.4 kJ/(k·Wh)。

表 4-29 减温喷水(等降温幅度)的等效焓降计算表

减温喷水分析系统等效焓降									
序号	符号	#8 SC/F/DC	#7 SC/F/DC	#6 SC/F	#5 C	#4 SC/F	#3 F	#2 F(P)	#1 F(W)
4	q_j/(kJ/kg)	2 102.9	2 149.6	2 599.2	2 642.3	2 524.4	2 458.8	2 582.6	2 550.7
5	γ_j/(kJ/kg)	0	144.4	107.7	149.9	0	119.4	214.9	0
6	τ_j/(kJ/kg)	109.9	146.1	119	34	127	64.621 78	135.578 2	165.1

（续表）

减温喷水分析系统等效焓降									
序号	符号	#8 SC/F/DC	#7 SC/F/DC	#6 SC/F	#5 C	#4 SC/F	#3 F	#2 F(P)	#1 F(W)
1	H_j/(kJ/kg)	977.954 6	943.644 2	816.579 8	752.468	650.158	488.899 1	433.904 6	253.3
2	η_j	0.465 05	0.438 986	0.314 166	0.284 778	0.257 55	0.198 836	0.168 011	0.099 306
3	ΔQ_j/(kJ/kg)	469.024 3	502.8	0	0	0	0	0	0
4	ξ_j	0.223 037	0.233 904	0	0	0	0	0	0
5	H/(kJ/kg)	1 251.155							
6	η_i	0.441 229							

等降温幅度(5℃)等效焓降局部定量						
序号	名称	做功增量/(kJ/kg)	吸热增量/(kJ/kg)	效率相对变化	热耗率绝对变化/(kJ/(k·Wh))	标煤耗绝对变化/(kg/(k·Wh))
1	α_{jw2}	0.712 93	2.025 723	−0.000 144 485	1.361 434 808	0.046 515 689
2	α_{jw3}	−1.509 1	−1.509 1	−0.000 674 783	6.358 233 597	0.217 239 648
3	α_{jw4}	−0.803 5	0.134 83	−0.000 690 197	6.503 473 711	0.222 202 018
4	和总	−1.599 66	0.651 456	−0.001 510 221	14.230 266 36	0.486 200 767

4.6.5　主要结论

(1) 减温喷水分析系统对汽轮机内效率的影响

根据减温喷水的等效焓降模型（等减温水量），影响汽轮机内效率的主要因素是：

① 减温喷水份额（流量）较大时，减温喷水损失较大。

② 再热器减温喷水比过热器减温喷水的损失大。

③ 给水泵出口引出的减温喷水比高加出口引出减温喷水损失大。

可见，再热器减温喷水对经济性的影响大于过热器减温喷水，来自给水泵出口的减温喷水对经济性的影响大于来自高加出口的减温喷水。

(2) 局部定量

为了单纯评价减温喷水对汽轮机内效率的影响，以等减温水量的局部定量计算结果予以说明（见表4-30）。

表 4-30　减温喷水(等减温水量)的等效焓降计算表

等减温水份额(0.005)等效焓降局部定量						
序号	名称	做功增量/(kJ/kg)	吸热增量/(kJ/kg)	效率相对变化	热耗率绝对变化/(kJ/(k·Wh))	标煤耗绝对变化/(kg/(k·Wh))
1	α_{jw2}	0.763 153	2.168 426	−0.000 154 658	1.457 283 293	0.049 790 513
2	α_{jw3}	−1.966 5	−1.966 5	−0.000 879 63	8.288 436 203	0.283 188 237
3	α_{jw4}	−1.203 35	0.201 926	−0.001 033 994	9.742 951 71	0.332 884 183
4	和总	−2.406 69	0.403 851	−0.002 069 981	19.504 680 86	0.666 409 93

由表 4-30 可见，减温喷水使热耗率增加 19.5 kJ/(k·Wh)；其中，减温喷水 4 使热耗率增加 9.7 kJ/(k·Wh)、减温喷水 3 使热耗率增加 8.3 kJ/(k·Wh)、减温喷水 2 使热耗率增加 1.5 kJ/(k·Wh)。

附　录

附录 1　计算附表

附表 1-1　主汽参数校验与修正表

序号	名称	符号	单位	公式	数值	校验结论
1	主汽温度	t_0	℃	给定	535	确认
2	主汽压力	p_0	MPa	给定	12.7	确认
3	主汽焓	h_0	kJ/kg	给定	3 433.5	待校验
4	主汽焓	h'_0	kJ/kg	ste(t_0, p_0, 1)	3 433.476	计算值
5	相对误差	Δh_0	%	$(h'_0-h_0)/h_0$	−0.000 7	合理
6	主汽焓	h_0	kJ/kg	校验结论	3 433.5	不修正

附表 1-2　再热汽参数校验与修正表

序号	名称	符号	单位	公式	数值	校验结论
1	再热汽温	t_{rh}	℃	给定	535	确认
2	再热汽焓	h_{rh}	kJ/kg	给定	3 543	待校验
3	高排汽压	p'_{rh}	MPa	给定	2.46	确认
4	再热汽压	p_{rh_a}	MPa	thp (t,h)	2.142 336	计算值
5	计算压损	dp_{rh_a}		$(p'_{rh}-p_{rh\_a})/p'_{rh}$	0.129 132	不合理
6	取用压损	dp_{rh}		取用	0.12	确认
7	再热汽压	p_{rh}	MPa	$p'_{rh}*(1-dp_{rh})$	2.164 8	计算值
8	再热汽焓	h'_{rh}	kJ/kg	ste (t_{rh}, p_{rh}, 1)	3 542.777	计算值
9	再热汽焓	h_{rh}	kJ/kg	校验结论	3 543	修正
10	再热汽压	p_{rh}	MPa	校验结论	2.16	修正

附表 1-3 低压缸进口参数校验与修正表

序号	名称	符号	单位	公式	数值	校验结论
1	中排汽焓	h'_{lp}	kJ/kg	给定	3 164.5	确认
2	低进汽焓	h_{lp}	kJ/kg	$h_{lp}=h'_{lp}$	3 164.5	确认
3	中排汽压	p'_{lp}	MPa	给定	0.543	确认
4	低进压损	dp_{lp}		取用	0.01	确认
5	低进汽压	pl_{p_c}	MPa	$p'_{lp}\cdot(1-dp_{lp})$	0.537 57	计算值
6	低进汽温	tl_{p_c}	℃	pht (p_{lp}, h_{lp})	348.601	计算值
7	低进汽压	p_{lp}	MPa	校验结论	0.538	修正
8	低进汽温	tl_{p_c}	℃	校验结论	348.6	修正

附表 1-4 排汽参数校验与修正表

序号	名称	符号	单位	公式	数值	校验结论
1	排汽压力	p_c	MPa	给定	0.005 2	确认
2	排汽焓	h_c	kJ/kg	给定	2 438.1	待校验
3	低缸效率	η_{lp}		($h_{lp}-h_c$)/ hhh (p_{lp}, h, lp, pc)	0.861 610 7	合理
4	饱和汽焓	h''_c	kJ/kg	ste(ts(p_c), p_c, 1)	2 562.853 3	计算值
5	饱和水焓	h''_c	kJ/kg	wat(ts (p_c), p_c, 1)	140.696 16	计算值
6	排汽干度	x_c		$(h_c-h'_c)/(h''_c-h'_c)$	0.948 495	合理
7	凝结水焓	h_{wc}	kJ/kg	给定	140.7	待校验
8	计算水焓	h''_c	kJ/kg	wat(ts (p_c), p_c, 1)	140.696 16	计算值
9	相对误差	dh_{wc}		$(h'_c-h_{wc})/h_{wc}$	−0.002 727	合理
10	排汽焓	h_c	kJ/kg	校验结论	2 438.1	不修正
11	凝结水焓	h_{wc}	kJ/kg	校验结论	140.7	不修正

附表 1-5 高压缸抽汽参数校验与修正表

序号	名称	符号	单位	公式	数值	校验结论
1	主汽温度	t_0	℃	校验给定	535	确认
2	主汽压力	p_0	MPa	校验给定	12.7	确认
3	主汽焓	h_0	kJ/kg	校验给定	3 433.5	确认

序号	名称	符号	单位	公式	数值	校验结论
1	#8 抽汽压力	p_8	MPa	给定	3.75	待校验
2	#7 抽汽压力	p_7	MPa	给定	2.46	待校验
3	#8 组压比	ε_8		p_8/p_0	0.295 275 6	合理
4	#7 组压比	ε_7		p_7/p_8	0.656	合理

（续表）

序号	名称	符号	单位	公式	数值	校验结论
1	#8 抽汽焓	h_8	kJ/kg	给定	3 137.9	待校验
2	#7 抽汽焓	h_7	kJ/kg	给定	3 040.2	待校验
3	#8 组效率	η_8		$(h_0-h_8)/$ hhh (p_0, h_0, p_8)	0.812 006 7	合理
4	#7 组效率	η_7		$(h_8-h_7)/$ hhh (p_8, h_8, p_7)	0.880 230 9	合理
5	高缸效率	η_{hp}		$(h_0-h_7)/$ hhh (p_0, h_0, p_7)	0.839 095 9	校验基准
序号	名称	符号	单位	公式	数值	校验结论
1	#8 壳压力	p_{n8}	MPa	给定	3.45	待校验
2	#7 壳压力	p_{n7}	MPa	给定	2.25	待校验
3	#8 压损率	dp_8		$(p_8-p_{n8})/p_8$	0.08	合理
4	#7 压损率	dp_7		$(p_7-p_{n7})/p_7$	0.085 365 9	合理
序号	名称	符号	单位	公式	数值	校验结论
1	#8 抽汽压力	p_8	MPa	校验结论	3.75	不修正
2	#7 抽汽压力	p_7	MPa	校验结论	2.46	不修正
3	#8 抽汽焓	h_8	kJ/kg	校验结论	3 137.9	不修正
4	#7 抽汽焓	h_7	kJ/kg	校验结论	3 040.2	不修正
5	#8 壳侧压力	p_{n8}	MPa	校验结论	3.45	不修正
6	#7 壳侧压力	p_{n7}	MPa	校验结论	2.25	不修正

附表 1-6 中压缸抽汽参数校验与修正表

序号	名称	符号	单位	公式	数值	校验结论
1	再热汽温	t_{rh}	℃	校验给定	535	确认
2	再热汽压	p_{rh}	MPa	校验给定	2.16	确认
3	再热汽焓	h_{rh}	kJ/kg	校验给定	3 543	确认
序号	名称	符号	单位	公式	数值	校验结论
1	#6 抽汽压力	p_6	MPa	给定	1.21	待校验
2	#5 抽汽压力	p_5	MPa	给定	0.829	待校验
3	#4 抽汽压力	p_4	MPa	给定	0.543	待校验
4	#6 组压比	ε_6		p_6/p_{rh}	0.560 185 2	合理
5	#5 组压比	ε_5		p_5/p_6	0.685 124	合理
6	#4 组压比	ε_4		p_4/p_5	0.655 006	合理
序号	名称	符号	单位	公式	数值	校验结论
1	#6 抽汽焓	h_6	kJ/kg	给定	3 382.1	待校验
2	#5 抽汽焓	h_5	kJ/kg	给定	3 275.3	待校验
3	#4 抽汽焓	h_4	kJ/kg	给定	3 164.5	待校验

（续表）

序号	名称	符号	单位	公式	数值	校验结论
4	#6组效率	η_6		$(h_{rh}-h_6)/\text{hhh}(p_{rh}, h_{rh}, p_6)$	0.803 854 6	合理
5	#5组效率	η_5		$(h_6-h_5)/\text{hhh}(p_6, h_6, p_5)$	0.884 889 9	合理
6	#4组效率	η_4		$(h_5-h_4)/\text{hhh}(p_5, p_5, p_4)$	0.888 178 5	合理
7	中缸效率	η_{ip}		$(h_0-h_7)/\text{hhh}(p_0, h_0, p_7)$	0.864 507	校验基准
序号	名称	符号	单位	公式	数值	校验结论
1	#6壳压力	p_{n6}	MPa	给定	1.11	待校验
2	#5壳压力	p_{n5}	MPa	给定	0.588	待校验
3	#4壳压力	p_{n4}	MPa	给定	0.5	待校验
4	#6压损率	dp_6		$(p_6-p_{n6})/p_6$	0.082 644 6	合理
5	#5压损率	dp_5		$(p_5-p_{n5})/p_5$	0.290 711 7	合理
6	#4压损率	dp_4		$(p_4-p_{n4})/p_4$	0.079 189 7	合理
序号	名称	符号	单位	公式	数值	校验结论
1	#6抽汽压力	p_6	MPa	校验结论	1.21	不修正
2	#5抽汽压力	p_5	MPa	校验结论	0.829	不修正
3	#4抽汽压力	p_4	MPa	校验结论	0.543	不修正
4	#6抽汽焓	h_6	kJ/kg	校验结论	3 382.1	不修正
5	#5抽汽焓	h_5	kJ/kg	校验结论	3 275.3	不修正
6	#4抽汽焓	h_4	kJ/kg	校验结论	3 164.5	不修正
7	#6壳侧压力	p_{n6}	MPa	校验结论	1.11	不修正
8	#5壳侧压力	p_{n5}	MPa	校验结论	0.588	不修正
9	#4壳侧压力	p_{n4}	MPa	校验结论	0.5	不修正

附表1-7　低压缸抽汽参数校验与修正表

序号	名称	符号	单位	公式	数值	校验结论
1	低进汽温	t_{lp}	℃	校验给定	0.538	确认
2	低进汽压	p_{lp}	MPa	校验给定	348.6	确认
3	低进汽焓	h_{lp}	kJ/kg	校验给定	3 164.5	确认
4	排汽压力	p_c	MPa	校验给定	0.005 2	确认
5	排汽焓	h_c	kJ/kg	校验给定	2 438.1	确认
序号	名称	符号	单位	公式	数值	校验结论
1	#3抽汽压力	p_3	MPa	给定	0.245	待校验
2	#2抽汽压力	p_2	MPa	给定	0.146	待校验
3	#1抽汽压力	p_1	MPa	给定	0.045 1	待校验
5	#3组压比	ε_3		p_3/p_{lp}	0.455 390 3	合理
6	#2组压比	ε_2		p_2/p_3	0.595 918 4	合理
7	#1组压比	ε_1		p_1/p_2	0.308 904 1	合理
序号	名称	符号	单位	公式	数值	校验结论
1	#3抽汽焓	h_3	kJ/kg	给定	2 979.5	待校验
2	#2抽汽焓	h_2	kJ/kg	给定	2 888.4	待校验
3	#1抽汽焓	h_1	kJ/kg	给定	2 691.4	待校验

(续表)

序号	名称	符号	单位	公式	数值	校验结论
4	#3组效率	η_3		$(h_{lp}-h_3)/\mathrm{hhh}(p_{lp}, h_{lp}, p_3)$	0.904 417 8	合理
5	#2组效率	η_2		$(h_3-h_2)/\mathrm{hhh}(p_3, h_3, p_2)$	0.773 239 3	合理
6	#1组效率	η_1		$(h_2-h_1)/\mathrm{hhh}(p_2, h_2, p_1)$	0.873 087 8	合理
7	低缸效率	η_{lp}		$(h_{lp}-h_c)/\mathrm{hhh}(p_{lp}, h_{lp}, p_c)$	0.861 610 7	校验基准

序号	名称	符号	单位	公式	数值	校验结论
1	#3壳侧压力	p_{n3}	MPa	给定	0.225	待校验
2	#2壳侧压力	p_{n2}	MPa	给定	0.134	待校验
3	#1壳侧压力	p_{n1}	MPa	给定	0.041 5	待校验
4	#3压损率	dp_3		$(p_3-p_{n3})/p_3$	0.081 632 7	合理
5	#2压损率	dp_2		$(p_2-p_{n2})/p_2$	0.082 191 8	合理
6	#1压损率	dp_1		$(p_1-p_{n1})/p_1$	0.079 822 6	合理

序号	名称	符号	单位	公式	数值	校验结论
1	#3抽汽压力	p_3	MPa	校验结论	0.245	不修正
2	#2抽汽压力	p_2	MPa	校验结论	0.146	不修正
3	#1抽汽压力	p_1	MPa	校验结论	0.045 1	不修正
4	#3抽汽焓	h_3	kJ/kg	校验结论	2 979.5	不修正
5	#2抽汽焓	h_2	kJ/kg	校验结论	2 888.4	不修正
6	#1抽汽焓	h_1	kJ/kg	校验结论	2 691.4	不修正
7	#3壳侧压力	p_{n3}	MPa	校验结论	0.225	不修正
8	#2壳侧压力	p_{n2}	MPa	校验结论	0.134	不修正
9	#1壳侧压力	p_{n1}	MPa	校验结论	0.041 5	不修正

附表 1-8 加热器出水焓校验与修正表

序号	名称	符号	单位	公式	数值	校验结论
1	#8壳侧压力	p_{n8}	MPa	校验给定	3.45	确认
2	#7壳侧压力	p_{n7}	MPa	校验给定	2.25	确认
3	#6壳侧压力	p_{n6}	MPa	校验给定	1.11	确认
4	#5壳侧压力	p_{n5}	MPa	校验给定	0.588	确认
5	#4壳侧压力	p_{n4}	MPa	校验给定	0.5	确认
6	#3壳侧压力	p_{n3}	MPa	校验给定	0.225	确认
7	#2壳侧压力	p_{n2}	MPa	校验给定	0.134	确认
8	#1壳侧压力	p_{n1}	MPa	校验给定	0.041 5	确认

（续表）

序号	名称	符号	单位	公式	数值	校验结论
9	#8出水焓	h_{w8}	kJ/kg	给定	1 037.6	待校验
10	#7出水焓	h_{w7}	kJ/kg	给定	932.1	待校验
11	#6出水焓	h_{w6}	kJ/kg	给定	793.8	待校验
12	#5出水焓	h_{w5}	kJ/kg	给定	667	待校验
13	#4出水焓	h_{w4}	kJ/kg	给定	636.1	待校验
14	#3出水焓	h_{w3}	kJ/kg	给定	506	待校验
15	#2出水焓	h_{w2}	kJ/kg	给定	437.9	待校验
16	#1出水焓	h_{w1}	kJ/kg	给定	305.8	待校验
17	#8饱水焓	h_{s8}	kJ/kg	wat (ts(p_{n8}), p_{n8}, 1)	1 045.799 5	计算值
18	#7饱水焓	h_{s7}	kJ/kg	wat (ts(p_{n7}), p_{n7}, 1)	936.316 55	计算值
19	#6饱水焓	h_{s6}	kJ/kg	wat (ts(p_{n6}), p_{n6}, 1)	782.904 46	计算值
20	#5饱水焓	h_{s5}	kJ/kg	wat (ts(p_{n5}), p_{n5}, 1)	667.000 08	计算值
21	#4饱水焓	h_{s4}	kJ/kg	wat (ts(p_{n4}), p_{n4}, 1)	640.113 93	计算值
22	#3饱水焓	h_{s3}	kJ/kg	wat (ts(p_{n3}), p_{n3}, 1)	520.702 9	计算值
23	#2饱水焓	h_{s2}	kJ/kg	wat (ts(p_{n2}), p_{n2}, 1)	452.945 47	计算值
24	#1饱水焓	h_{s1}	kJ/kg	wat (ts(p_{n1}), p_{n1}, 1)	321.371 69	计算值
25	#8端差	dt_8	℃	$(h_{s8}-h_{w8})/4.186\ 8$	1.958 412 7	不合理
26	#7端差	dt_7	℃	$(h_{s7}-h_{w7})/4.186\ 8$	1.007 106	合理
27	#6端差	dt_6	℃	$(h_{s6}-h_{w6})/4.186\ 8$	−2.602 355	不合理
28	#5端差	dt_5	℃	$(h_{s5}-h_{w5})/4.186\ 8$	1.966E-05	合理
29	#4端差	dt_4	℃	$(h_{s4}-h_{w4})/4.186\ 8$	0.958 71	不合理
30	#3端差	dt_3	℃	$(h_{s3}-h_{w3})/4.186\ 8$	3.511 726 4	合理
31	#2端差	dt_2	℃	$(h_{s2}-h_{w2})/4.186\ 8$	3.593 547 9	合理
32	#1端差	dt_1	℃	$(h_{s1}-h_{w1})/4.186\ 8$	3.719 233 3	合理

序号	名称	符号	单位	公式	数值	校验结论
1	#8出水焓	h_{w8}	kJ/kg	校验结果	1 042	修正
2	#7出水焓	h_{w7}	kJ/kg	校验结果	932.1	不修正
3	#6出水焓	h_{w6}	kJ/kg	校验结果	786	修正
4	#5出水焓	h_{w5}	kJ/kg	校验结果	667	不修正
5	#4出水焓	h_{w4}	kJ/kg	校验结果	633	修正
6	#3出水焓	h_{w3}	kJ/kg	校验结果	506	不修正
7	#2出水焓	h_{w2}	kJ/kg	校验结果	437.9	不修正
8	#1出水焓	h_{w1}	kJ/kg	校验结果	305.8	不修正

附表 1-9 加热器疏水焓校验与修正表

序号	名称	符号	单位	公式	数值	校验结论
1	＃8 壳侧压力	p_{n8}	MPa	校验给定	3.45	确认
2	＃7 壳侧压力	p_{n7}	MPa	校验给定	2.25	确认
3	＃6 壳侧压力	p_{n6}	MPa	校验给定	1.11	确认
4	＃5 壳侧压力	p_{n5}	MPa	校验给定	0.588	确认
5	＃4 壳侧压力	p_{n4}	MPa	校验给定	0.5	确认
6	＃3 壳侧压力	p_{n3}	MPa	校验给定	0.225	确认
7	＃2 壳侧压力	p_{n2}	MPa	校验给定	0.134	确认
8	＃1 壳侧压力	p_{n1}	MPa	校验给定	0.041 5	确认
9	＃8 疏水焓	h_{d8}	kJ/kg	给定	1 046	待校验
10	＃7 疏水焓	h_{d7}	kJ/kg	给定	890.6	待校验
11	＃6 疏水焓	h_{d6}	kJ/kg	给定	783.8	待校验
12	＃5 疏水焓	h_{d5}	kJ/kg	给定	667	待校验
13	＃4 疏水焓	h_{d4}	kJ/kg	给定	639.8	待校验
14	＃3 疏水焓	h_{d3}	kJ/kg	给定	521.5	待校验
15	＃2 疏水焓	h_{d2}	kJ/kg	给定	453.8	待校验
16	＃1 疏水焓	h_{d1}	kJ/kg	给定	321.8	待校验
17	＃8 饱水焓	h_{s8}	kJ/kg	$wat(ts(p_{n8}), p_{n8}, 1)$	1 045.799 5	计算值
18	＃7 饱水焓	h_{s7}	kJ/kg	$wat(ts(p_{n7}), p_{n7}, 1)$	936.316 55	计算值
19	＃6 饱水焓	h_{s6}	kJ/kg	$wat(ts(p_{n6}), p_{n6}, 1)$	782.904 46	计算值
20	＃5 饱水焓	h_{s5}	kJ/kg	$wat(ts(p_{n5}), p_{n5}, 1)$	667.000 08	计算值
21	＃4 饱水焓	h_{s4}	kJ/kg	$wat(ts(p_{n4}), p_{n4}, 1)$	640.113 93	计算值
22	＃3 饱水焓	h_{s3}	kJ/kg	$wat(ts(p_{n3}), p_{n3}, 1)$	520.702 9	计算值
23	＃2 饱水焓	h_{s2}	kJ/kg	$wat(ts(p_{n2}), p_{n2}, 1)$	452.945 47	计算值
24	＃1 饱水焓	h_{s1}	kJ/kg	$wat(ts(p_{n1}), p_{n1}, 1)$	321.371 69	计算值
25	＃8 下端差	dt_{8b}	℃	$(h_{d8} - h_{w7})/4.186\ 8$	27.204 548	不合理
26	＃7 下端差	dt_{7b}	℃	$(h_{d7} - h_{w6})/4.186\ 8$	24.983 281	合理
27	＃6 相对差	dt_6	℃	$(h_{d6} - h_{s6})/h_{s6} \times 100$	0.114 386 7	不合理
28	＃5 端差	dt_5	℃	$(h_{d5} - h_{s5})/h_{s5} \times 100$	−1.23E-05	合理
29	＃4 端差	dt_4	℃	$(h_{d4} - h_{s4})/h_{s4} \times 100$	−0.049 042	不合理
30	＃3 端差	dt_3	℃	$(h_{d3} - h_{s3})/h_{s3} \times 100$	0.153 082 3	不合理
31	＃2 端差	dt_2	℃	$(h_{d2} - h_{s2})/h_{s2} \times 100$	0.188 661 5	不合理
32	＃1 端差	dt_1	℃	$(h_{d1} - h_{s1})/h_{s1} \times 100$	0.133 276 8	不合理

（续表）

序号	名称	符号	单位	公式	数值	校验结论
1	#8 疏水焓	h_{d8}	kJ/kg	校验结果	1 035	修正
2	#7 疏水焓	h_{d7}	kJ/kg	校验结果	890.6	不修正
3	#6 疏水焓	h_{d6}	kJ/kg	校验结果	782.9	修正
4	#5 疏水焓	h_{d5}	kJ/kg	校验结果	667	不修正
5	#4 疏水焓	h_{d4}	kJ/kg	校验结果	640	修正
6	#3 疏水焓	h_{d3}	kJ/kg	校验结果	520.7	修正
7	#2 疏水焓	h_{d2}	kJ/kg	校验结果	452.9	修正
8	#1 疏水焓	h_{d1}	kJ/kg	校验结果	321.4	修正

附表 3-7　电动给水泵与电动凝结水泵的简捷热平衡计算汇总表

初终再热参数

序号	名称	新汽	再热	低进	名称	凝汽器	名称	凝汽器
1	蒸汽焓/(kJ/kg)	3 433.5	3 543	3 164.5	蒸汽焓/(kJ/kg)	2 438.1	排汽份额	0.695 745
2	蒸汽吸热量/(kJ/kg)	2 391.5	502.8	0	凝水焓/(kJ/kg)	140.7	凝水份额	0.695 745

加热器热平衡

序号	符号	#8 SC/F/DC	#7 高排 SC/F/DC	#6 SC/F	#5 C	#4 中排 SC/F	#3 F	#2 F(P)	#1 F(W)
1	h_j/(kJ/kg)	3 137.9	3 040.2	3 382.1	3 275.3	3 164.5	2 979.5	2 888.4	2 691.4
2	h_{wj}/(kJ/kg)	1 042	932.1	786	667	633	506	441.378 2	305.8
3	h_{dj}/(kJ/kg)	1 035	890.6	782.9	667	640	520.7	452.9	321.4
4	q_j/(kJ/kg)	2 102.9	2 149.6	2 599.2	2 642.3	2 524.5	2 458.8	2 582.6	2 550.7
5	γ_j/(kJ/kg)	0	144.4	107.7	149.9	0	119.3	214.9	0
6	τ_j/(kJ/kg)	109.9	146.1	119	34	127	64.621 78	135.578 2	165.1
7	A_j	1	1	1	1	0.845 41	0.845 41	0.845 41	0.743 559
8	B_j	0	0.052 261	0.116 717	0.150 246	0	0.042 53	0.062 685	0
9	α_j	0.052 261	0.064 455	0.033 53	0.004 344	0.042 53	0.020 155	0.039 165	0.047 814
10	h'_{w2}/(kJ/kg)			$h'_{w2}=439.8+(B_2+\alpha_2)/A_2\times(h_{d_2}-439.8)$				441.378 220 4	
11	w_{ij}/(kJ/kg)	15.448 4	25.350 34	18.582 22	2.871 361	32.824 66	19.284 67	41.041 21	59.524 24

热力系统热平衡

序号	名称	数值	回热功	凝汽功	凝汽份额	凝水份额	附加 1	附加 2	附加 3
1	q_0/(kJ/kg)	2 835.615							
2	q_c/(kJ/kg)	1 598.813						0.393 448	0.016 351
3	w_i/(kJ/kg)	1 236.802	214.927 1	1 042.364				−19.672 4	−0.817 56
4	校验	0							
5	η_i	0.436 167			与基准系统效率相对变化率			−0.011 605 423	

附表 3-9 电动给水泵与电动凝结水泵实际系统的等效焓降计算汇总表

初终再热参数

序号	名称	新汽	再热	低进	名称	凝汽器	名称	凝汽器
1	蒸汽焓/(kJ/kg)	3 433.5	3 543	3 164.5	蒸汽焓/(kJ/kg)	2 438.1	排汽份额	0.695 745
2	蒸汽吸热量/(kJ/kg)	2 391.5	502.8	0	凝水焓/(kJ/kg)	140.7	凝水份额	0.695 745

电动泵实际系统等效焓降

序号	符号	#8 SC/F/DC	#7 高排 SC/F/DC	#6 SC/F	#5 C	#4 中排 SC/F	#3 F	#2 F(P)	#1 F(W)
1	h_j/(kJ/kg)	3 137.9	3 040.2	3 382.1	3 275.3	3 164.5	2 979.5	2 888.4	2 691.4
2	h_{wj}/(kJ/kg)	1 042	932.1	786	667	633	506	441.378 2	305.8
3	h_{dj}/(kJ/kg)	1 035	890.6	782.9	667	640	520.7	452.9	321.4
4	q_j/(kJ/kg)	2 102.9	2 149.6	2 599.2	2 642.3	2 524.5	2 458.8	2 582.6	2 550.7
5	γ_j/(kJ/kg)	0	144.4	107.7	149.9	0	119.3	214.9	0
6	τ_j/(kJ/kg)	109.9	146.1	119	34	127	64.621 78	135.578 2	165.1
7	H_j/(kJ/kg)	977.954 9	943.644 5	816.580 1	752.468 3	650.177 9	488.899 1	433.904 6	253.3
8	η_j	0.465 051	0.438 986	0.314 166	0.284 778	0.257 547	0.198 836	0.168 011	0.099 306
9	ΔQ_j/(kJ/kg)	469.024 3	502.8	0	0	0	0	0	0
10	ξ_j	0.223 037	0.233 904	0	0	0	0	0	0
11	H_0/(kJ/kg)	1 251.155							
12	η_i	0.441 229							

局部定量

序号	名称	做功增量/(kJ/kg)	吸热增量/(kJ/kg)	效率相对变化	发电热耗率偏差/(kJ/(k·Wh))	发电标煤耗偏差/(kg/(k·Wh))
1	给水泵	−13.615 6	0	−0.011 002 158	103.669 356	3.542 036 33
2	凝结水泵	−0.738	0	−0.000 590 203	5.561 264 567	0.190 009 873
3	和总	−14.353 6	0	−0.011 605 423	109.353 702 5	3.736 251 501

附表 3-11 汽动给水泵与电动凝结水泵实际系统的简捷热平衡计算汇总表

初终再热参数

序号	名称	新汽	再热	低进	名称	凝汽器	名称	凝汽器
1	蒸汽焓/(kJ/kg)	3 433.5	3 543	3 164.5	蒸汽焓/(kJ/kg)	2 438.1	排汽份额	0.669 059
2	蒸汽吸热量/(kJ/kg)	2 391.5	502.8	0	凝水焓/(kJ/kg)	140.7	凝水份额	0.695 745

加热器热平衡

序号	符号	#8 SC/F/DC	#7 高排 SC/F/DC	#6 SC/F	#5 C	#4 中排 SC/F	#3 F	#2 F(P)	#1 F(W)
1	h_j/(kJ/kg)	3 137.9	3 040.2	3 382.1	3 275.3	3 164.5	2 979.5	2 888.4	2 691.4
2	h_{wj}/(kJ/kg)	1 042	932.1	786	667	633	506	441.378 2	305.8
3	h_{dj}/(kJ/kg)	1 035	890.6	782.9	667	640	520.7	452.9	321.4
4	q_j/(kJ/kg)	2 102.9	2 149.6	2 599.2	2 642.3	2 524.5	2 458.8	2 582.6	2 550.7
5	γ_j/(kJ/kg)	0	144.4	107.7	149.9	0	119.3	214.9	0

（续表）

序号	符号	#8 SC/F/DC	#7 高排 SC/F/DC	#6 SC/F	#5 C	#4 中排 SC/F	#3 F	#2 F(P)	#1 F(W)
6	τ_j/(kJ/kg)	109.9	146.1	119	34	127	64.621 78	135.578 2	165.1
7	A_j	1	1	1	1	0.845 41	0.845 41	0.845 41	0.743 559
8	B_j	0	0.052 261	0.116 717	0.150 246	0	0.042 53	0.062 685	0
9	α_j	0.052 261	0.064 455	0.033 53	0.004 344	0.042 53	0.020 155	0.039 165	0.047 814
10	h'_{w2}/(kJ/kg)	$h'_{w2}=439.8+(B_2+\alpha_2)/A_2\times(h_{d2}-439.8)$						441.378 220 4	
11	w_{ij}/(kJ/kg)	15.448 4	25.350 34	18.582 22	2.871 361	32.824 66	19.284 67	41.041 21	59.524 24

热力系统热平衡

序号	名称	数值	回热流	凝气流	凝汽份额	凝水份额	附加 1	附加 2	附加 3
1	q_0/(kJ/kg)	2 835.615							
2	q_c/(kJ/kg)	1 601.482						0.409 799	63.975 31
3	w_i/(kJ/kg)	1 234.133	214.927 1	1 002.385				−0.817 56	17.638 98
6	校验	0							
7	η_i	0.435 226			与基准系统效率相对变化率			−0.013 792 787	

附表 3-13　汽动给水泵与电动凝结水泵实际系统的等效焓降计算汇总表

初终再热参数

序号	名称	新汽	再热	低进	名称	凝汽器	名称	凝汽器
1	蒸汽焓/(kJ/kg)	3 433.5	3 543	3 164.5	蒸汽焓/(kJ/kg)	2 438.1	排汽份额	0.669 059
2	蒸汽吸热量/(kJ/kg)	2 391.5	502.8	0	凝水焓/(kJ/kg)	140.7	凝水份额	0.695 745

汽动给水泵实际系统等效焓降

序号	符号	#8 SC/F/DC	#7 高排 SC/F/DC	#6 SC/F	#5 C	#4 中排 SC/F	#3 F	#2 F(P)	#1 F(W)
1	h_j/(kJ/kg)	3 137.9	3 040.2	3 382.1	3 275.3	3 164.5	2 979.5	2 888.4	2 691.4
2	h_{wj}/(kJ/kg)	1 042	932.1	786	667	633	506	441.378 2	305.8
3	h_{dj}/(kJ/kg)	1 035	890.6	782.9	667	640	520.7	452.9	321.4
4	q_j/(kJ/kg)	2 102.9	2 149.6	2 599.2	2 642.3	2 524.5	2 458.8	2 582.6	2 550.7
5	γ_j/(kJ/kg)	0	144.4	107.7	149.9	0	119.3	214.9	0
6	τ_j/(kJ/kg)	109.9	146.1	119	34	127	64.621 78	135.578 2	165.1
7	H_j/(kJ/kg)	977.954 9	943.644 5	816.580 1	752.468 3	650.177 9	488.899 1	433.904 6	253.3
8	η_j	0.465 051	0.438 986	0.314 166	0.284 778	0.257 547	0.198 836	0.168 011	0.099 306
9	ΔQ_j/(kJ/kg)	469.024 3	502.8	0	0	0	0	0	0
10	ξ_j	0.223 037	0.233 904	0	0	0	0	0	0
11	H_0/(kJ/kg)	1 251.155							
12	η_i	0.441 229							

局部定量

序号	名称	做功增量/(kJ/kg)	吸热增量/(kJ/kg)	效率相对变化	发电热耗率偏差/(kJ/(k·Wh))	发电标煤耗偏差/(kg/(k·Wh))
1	给水泵	−16.284 1	0	−0.013 186 912	124.255 494 6	4.245 396 067
2	凝结水泵	−0.738	0	−0.000 590 203	5.561 264 567	0.190 009 873
3	和总	−17.022 1	0	−0.013 792 787	129.964 442 5	4.440 451 786

附表 3-15 轴封漏汽利用实际系统的简捷热平衡计算汇总表

初终再热参数									
序号	名称	新汽	再热	低进		名称	凝汽器	名称	凝汽器
1	蒸汽焓/(kJ/kg)	3 433.5	3 543	3 164.5		蒸汽焓/(kJ/kg)	2 438.1	排汽份额	0.690 918
2	蒸汽吸热量/(kJ/kg)	2 391.5	502.8	0		凝水焓/(kJ/kg)	140.7	凝水份额	0.690 918
加热器热平衡									
序号	符号	#8 SC/F/DC	#7 高排 SC/F/DC	#6 SC/F	#5 C	#4 中排 SC/F	#3 F	#2 F(P)	#1 F(W)
1	h_j/(kJ/kg)	3 137.9	3 040.2	3 382.1	3 275.3	3 164.5	2 979.5	2 888.4	2 691.4
2	h_{wj}/(kJ/kg)	1 042	932.1	786	667	633	506	441.328 7	305.8
3	h_{dj}/(kJ/kg)	1 035	890.6	782.9	667	640	520.7	452.9	321.4
4	q_j/(kJ/kg)	2 102.9	2 149.6	2 599.2	2 642.3	2 524.5	2 458.8	2 582.6	2 550.7
5	γ_j/(kJ/kg)	0	144.4	107.7	149.9	0	119.3	214.9	0
6	τ_j/(kJ/kg)	109.9	146.1	119	34	127	64.671 32	135.528 7	165.1
7	A_j	1	1	1	1	0.838 918	0.838 918	0.838 918	0.738 692
8	B_j	0	0.052 261	0.116 197	0.157 166	0	0.041 444	0.061 498	0
9	α_j	0.052 261	0.061 096	0.040 969	0.003 486	0.029 334	0.020 054	0.036 398	0.046 164
10	h'_{w2}/(kJ/kg)	$h'_{w2}=439.8+(B_2+\alpha_2)/A_2\times(h_{d_2}-439.8)$						441.328 680 6	
11	w_{ij}/(kJ/kg)	15.448 4	24.029	22.704 8	2.304 35	22.639 83	19.188 03	38.141 31	57.469 25
热力系统热平衡									
序号	名称	数值	回热流	凝气流	凝汽份额	凝水份额	附加 1	附加 2	附加 3
1	q_0/(kJ/kg)	2 831.713					−1.427 95	−4.163 18	0
2	q_c/(kJ/kg)	1 587.316							
3	w_i/(kJ/kg)	1 244.397	201.925	1 035.134			0	2.720 137	4.617 791
4	校验	0							
5	η_i	0.439 45			与基准系统效率相对变化率			−0.004 047 462	

附表 3-16 轴封漏汽利用实际系统的等效焓降计算汇总表

初终再热参数									
序号	名称	新汽	再热	低进		名称	凝汽器	名称	凝汽器
1	蒸汽焓/(kJ/kg)	3 433.5	3 543	3 164.5		蒸汽焓/(kJ/kg)	2 438.1	排汽份额	0.690 918
2	蒸汽吸热量/(kJ/kg)	2 391.5	502.8	0		凝水焓/(kJ/kg)	140.7	凝水份额	0.690 918
轴封漏汽利用实际系统等效焓降									
序号	符号	#8 SC/F/DC	#7 高排 SC/F/DC	#6 SC/F	#5 C	#4 中排 SC/F	#3 F	#2 F(P)	#1 F(W)
1	h_j/(kJ/kg)	3 137.9	3 040.2	3 382.1	3 275.3	3 164.5	2 979.5	2 888.4	2 691.4
2	h_{wj}/(kJ/kg)	1 042	932.1	786	667	633	506	441.328 7	305.8
3	h_{dj}/(kJ/kg)	1 035	890.6	782.9	667	640	520.7	452.9	321.4
4	q_j/(kJ/kg)	2 102.9	2 149.6	2 599.2	2 642.3	2 524.5	2 458.8	2 582.6	2 550.7

（续表）

序号	符号	#8 SC/F/DC	#7 高排 SC/F/DC	#6 SC/F	#5 C	#4 中排 SC/F	#3 F	#2 F(P)	#1 F(W)
5	γ_j/(kJ/kg)	0	144.4	107.7	149.9	0	119.3	214.9	0
6	τ_j/(kJ/kg)	109.9	146.1	119	34	127	64.671 32	135.528 7	165.1
7	H_j/(kJ/kg)	977.953 6	943.643 1	816.578 7	752.466 8	650.177 9	488.899 1	433.904 6	253.3
8	η_j	0.465 05	0.438 985	0.314 165	0.284 777	0.257 547	0.198 836	0.168 011	0.099 306
9	ΔQ_j/(kJ/kg)	469.024 3	502.8	0	0	0	0	0	0
10	ξ_j	0.223 037	0.233 904	0	0	0	0	0	0
11	H_0/(kJ/kg)	1 251.155							
12	η_i	0.441 229							

局部定量

序号	名称	做功增量/(kJ/kg)	吸热增量/(kJ/kg)	相对变化	发电热耗率偏差/(kJ/(k·Wh))	发电标煤耗偏差/(kg/(k·Wh))
1	α_{f1}	−0.626 64	0.261 264	−0.000 593 281	5.590 272 489	0.191 000 977
2	α_{f2}	−2.619 16	−2.891 1	−0.001 076 077	10.139 486 67	0.346 432 461
3	α_{f3}	−0.123 19	−0.100 56	−6.300 37E-05	0.593 661 266	0.020 283 427
4	α_{f4}	−1.556 71	−1.171 52	−0.000 832 108	7.840 650 729	0.267 888 9
5	α_{f5}	−0.044 04	0	−3.519 83E-05	0.331 660 82	0.011 331 745
6	α_{f6}	−0.355 98	0	−0.000 284 602	2.681 697 394	0.091 624 661
7	α_{f7}	−1.095 97	0	−0.000 876 736	8.261 164 46	0.282 256 452
8	α_{f8}	−0.243 82	0	−0.000 194 915	1.836 614 35	0.062 750 99
9	α_{f9}	−0.042 06	0	−3.361 57E-05	0.316 748 259	0.010 822 232
10	α_{f10}	−0.049 45	0	−3.952 14E-05	0.372 395 423	0.012 723 51
11	dh'_{w2}	−0.001 28	0	−1.023 33E-06	0.009 642 441	0.000 329 45
12	和总	−6.758 29	−3.901 92	−0.004 047 462	38.137 766 54	1.303 040 357

附表 3-20 加热器散热实际系统的简捷热平衡计算汇总表

初终再热参数

序号	名称	新汽	再热	低进	名称	凝汽器	名称	凝汽器
1	蒸汽焓/(kJ/kg)	3 433.5	3 543	3 164.5	蒸汽焓/(kJ/kg)	2 438.1	排汽份额	0.673 538
2	蒸汽吸热量/(kJ/kg)	2 391.5	502.8	0	凝水焓/(kJ/kg)	140.7	凝水份额	0.673 538

加热器热平衡

序号	符号	#8 SC/F/DC	#7 高排 SC/F/DC	#6 SC/F	#5 C	#4 中排 SC/F	#3 F	#2 F(P)	#1 F(W)
1	h_j/(kJ/kg)	3 137.9	3 040.2	3 382.1	3 275.3	3 164.5	2 979.5	2 888.4	2 691.4
2	h_{wj}/(kJ/kg)	1 042	932.1	786	667	633	506	441.498 5	305.8
3	h_{dj}/(kJ/kg)	1 035	890.6	782.9	667	640	520.7	452.9	321.4
4	q_j/(kJ/kg)	2 102.9	2 149.6	2 599.2	2 642.3	2 524.5	2 458.8	2 582.6	2 550.7
5	γ_j/(kJ/kg)	0	144.4	107.7	149.9	0	119.3	214.9	0
6	τ_j/(kJ/kg)	109.9	146.1	119	34	127	64.501 5	135.698 5	165.1
7	A_j	1	1	1	1	0.833 136	0.833 136	0.833 136	0.725 114
8	B_j	0	0.053 328	0.119 814	0.162 54	0	0.044 588	0.065 925	0

（续表）

序号	符号	#8 SC/F/DC	#7 高排 SC/F/DC	#6 SC/F	#5 C	#4 中排 SC/F	#3 F	#2 F(P)	#1 F(W)
9	α_j	0.053 328	0.066 486	0.042 726	0.004 324	0.044 588	0.021 337	0.042 097	0.051 577
10	h'_{w2}/(kJ/kg)			$h'_{w2}=439.8+(B_2+\alpha_2)/A_2\times(h_{d2}-439.8)$				441.498 504 4	
11	w_{ij}/(kJ/kg)	15.763 67	26.148 89	23.678 96	2.858 021	34.412 9	20.415 48	44.113 13	64.207 73

热力系统热平衡

序号	名称	数值	回热流	凝气流	凝汽份额	凝水份额	附加 1	附加 2	附加 3
1	q_0/(kJ/kg)	2 834.058							
2	q_c/(kJ/kg)	1 593.365					45.978 76		
3	w_i/(kJ/kg)	1 240.693	231.598 8	1 009.094					
4	校验	0							
5	η_i	0.437 78			与基准系统效率相对变化率			−0.007 878 637	

附表 3-21　加热器散热实际系统的等效焓降计算汇总表

初终再热参数

序号	名称	新汽	再热	低进	名称	凝汽器	名称	凝汽器
1	蒸汽焓/(kJ/kg)	3 433.5	3 543	3 164.5	蒸汽焓/(kJ/kg)	2 438.1	排汽份额	0.673 538
2	蒸汽吸热量/(kJ/kg)	2 391.5	502.8	0	凝水焓/(kJ/kg)	140.7	凝水份额	0.673 538

加热器散热损失实际系统等效焓降

序号	符号	#8 SC/F/DC	#7 高排 SC/F/DC	#6 SC/F	#5 C	#4 中排 SC/F	#3 F	#2 F(P)	#1 F(W)
1	h_j/(kJ/kg)	3 137.9	3 040.2	3 382.1	3 275.3	3 164.5	2 979.5	2 888.4	2 691.4
2	h_{wj}/(kJ/kg)	1 042	932.1	786	667	633	506	441.498 5	305.8
3	h_{dj}/(kJ/kg)	1 035	890.6	782.9	667	640	520.7	452.9	321.4
4	q_j/(kJ/kg)	2 102.9	2 149.6	2 599.2	2 642.3	2 524.5	2 458.8	2 582.6	2 550.7
5	γ_j/(kJ/kg)	0	144.4	107.7	149.9	0	119.3	214.9	0
6	τ_j/(kJ/kg)	109.9	146.1	119	34	127	64.501 5	135.698 5	165.1
7	H_j/(kJ/kg)	977.958	943.647 8	816.583 6	752.472	650.177 9	488.899 1	433.904 6	253.3
8	η_j	0.465 052	0.438 988	0.314 167	0.284 779	0.257 547	0.198 836	0.168 011	0.099 306
9	ΔQ_j/(kJ/kg)	469.024 3	502.8	0	0	0	0	0	0
10	ξ_j	0.223 037	0.233 904	0	0	0	0	0	0
11	H_0/(kJ/kg)	1 251.155							
12	η_i	0.441 229							

局部定量

序号	名称	做功增量/(kJ/kg)	吸热增量/(kJ/kg)	效率相对变化	发电热耗率偏差/(kJ/(k·Wh))	发电标煤耗偏差/(kg/(k·Wh))
1	#8	−1.043 05	−0.500 24	−0.000 657 801	6.198 221 052	0.211 772 553
2	#7	−1.983 59	−1.056 91	−0.001 214 607	11.444 797 49	0.391 030 581
3	#6	−1.557 75	0	−0.001 246 598	11.746 245 23	0.401 330 045
4	#5	−0.509 6	0	−0.000 407 473	3.839 474 593	0.131 182 049
5	#4	−1.739 4	0	−0.001 392 172	13.117 934 86	0.448 196 108
6	#3	−0.804 26	0	−0.000 643 228	6.060 905 106	0.207 080 924

（续表）

序号	名称	做功增量/(kJ/kg)	吸热增量/(kJ/kg)	效率相对变化	发电热耗率偏差/(kJ/(k·Wh))	发电标煤耗偏差/(kg/(k·Wh))
7	#2	−1.651 7	0	−0.001 321 882	12.455 620 15	0.425 567 022
8	#1	−1.175 79	0	−0.000 940 649	8.863 397 039	0.302 832 732
9	dh'_{w2}	0.003 109	0	2.484 66E-06	−0.023 412 029	−0.000 799 911
10	和总	−10.462	−1.557 15	−0.007 878 637	74.237 543 98	2.536 449 419

附表 3-22 基于电动给水泵实际系统的简捷热平衡计算汇总表

初终再热参数

序号	名称	新汽	再热	低进	名称	凝汽器	名称	凝汽器
1	蒸汽焓/(kJ/kg)	3 433.5	3 543	3 164.5	蒸汽焓/(kJ/kg)	2 438.1	排汽份额	0.680 734
2	蒸汽吸热量/(kJ/kg)	2 391.5	502.8	0	凝水焓/(kJ/kg)	140.7	凝水份额	0.680 734

加热器热平衡

序号	符号	#8 SC/F/DC	#7 高排 SC/F/DC	#6 SC/F	#5 C	#4 中排 SC/F	#3 F	#2 F(P)	#1 F(W)
1	h_j/(kJ/kg)	3 137.9	3 040.2	3 382.1	3 275.3	3 164.5	2 979.5	2 888.4	2 691.4
2	h_{wj}/(kJ/kg)	1 042	932.1	786	667	633	506	441.449 1	305.8
3	h_{dj}/(kJ/kg)	1 035	890.6	782.9	667	640	520.7	452.9	321.4
4	q_j/(kJ/kg)	2 102.9	2 149.6	2 599.2	2 642.3	2 524.5	2 458.8	2 582.6	2 550.7
5	γ_j/(kJ/kg)	0	144.4	107.7	149.9	0	119.3	214.9	0
6	τ_j/(kJ/kg)	109.9	146.1	119	34	127	64.550 94	135.649 1	165.1
7	A_j	1	1	1	1	0.840 638	0.840 638	0.840 638	0.732 486
8	B_j	0	0.053 328	0.119 294	0.154 625	0	0.044 23	0.065 814	0
9	α_j	0.053 328	0.063 126	0.035 331	0.004 308	0.032 12	0.021 584	0.040 008	0.050 142
10	h'_{w2}/(kJ/kg)		$h'_{w2}=439.8+(B_2+\alpha_2)/A_2\times(h_{d2}-439.8)$					441.449 062 3	
11	w_{ij}/(kJ/kg)	15.763 67	24.827 56	19.580 25	2.847 291	24.789 96	20.651 96	41.923 98	62.421 39

热力系统热平衡

序号	名称	数值	回热流	凝气流	附加 1	附加 2	附加 3	附加 4	附加 5
1	q_0/(kJ/kg)	2 830.156			−1.427 95	−4.163 18	0		
2	q_c/(kJ/kg)	1 610.613						0.409 556	46.284 39
3	w_i/(kJ/kg)	1 219.543	212.806 1	1 019.876	0	2.720 137	4.617 791	−20.477 8	
4	校验	0							
5	η_i	0.430 91			与基准系统效率相对变化率			−0.023 946 644	

机组经济性指标

序号	名称	热效率	热耗率	煤耗率	机械效率	电机效率	锅炉效率	管道效率	厂电率
1	汽机	0.430 91	8 354.412						
2	机电	0.413 846	8 698.888	3.073 643	0.98	0.98			
3	发电	0.373 124	9 648.279	0.329 65			0.92	0.98	
4	供电	0.354 467	10 156.08	0.346 999					0.05

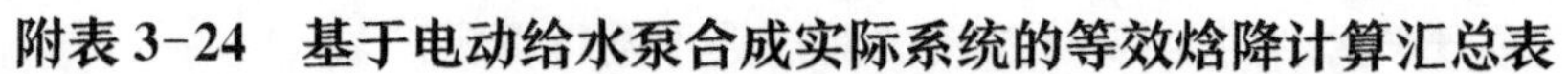

附表 3-24 基于电动给水泵合成实际系统的等效焓降计算汇总表

初终再热参数								
序号	名称	新汽	再热	低进	名称	凝汽器	名称	凝汽器
1	蒸汽焓/(kJ/kg)	3 433.5	3 543	3 164.5	蒸汽焓/(kJ/kg)	2 438.1	排汽份额	0.680 734
2	蒸汽吸热量/(kJ/kg)	2 391.5	502.8	0	凝水焓/(kJ/kg)	140.7	凝水份额	0.680 734

基于电动给水泵合成实际系统等效焓降									
序号	符号	#8 SC/F/DC	#7 高排 SC/F/DC	#6 SC/F	#5 C	#4 中排 SC/F	#3 F	#2 F(P)	#1 F(W)
1	h_j/(kJ/kg)	3 137.9	3 040.2	3 382.1	3 275.3	3 164.5	2 979.5	2 888.4	2 691.4
2	h_{wj}/(kJ/kg)	1 042	932.1	786	667	633	506	441.449 1	305.8
3	h_{dj}/(kJ/kg)	1 035	890.6	782.9	667	640	520.7	452.9	321.4
4	q_j/(kJ/kg)	2 102.9	2 149.6	2 599.2	2 642.3	2 524.5	2 458.8	2 582.6	2 550.7
5	γ_j/(kJ/kg)	0	144.4	107.7	149.9	0	119.3	214.9	0
6	τ_j/(kJ/kg)	109.9	146.1	119	34	127	64.550 94	135.649 1	165.1
7	H_j/(kJ/kg)	977.956 7	943.646 4	816.582 2	752.470 5	650.177 9	488.899 1	433.904 6	253.3
8	η_j	0.465 051	0.438 987	0.314 167	0.284 779	0.257 547	0.198 836	0.168 011	0.099 306
9	ΔQ_j/(kJ/kg)	469.024 3	502.8	0	0	0	0	0	0
10	ξ_j	0.223 037	0.233 904	0	0	0	0	0	0
11	H_0/(kJ/kg)	1 251.155							
12	η_i	0.441 229							

局部定量						
序号	名称	做功增量/(kJ/kg)	吸热增量/(kJ/kg)	相对变化	发电热耗率偏差/(kJ/(k·Wh))	发电标煤耗偏差/(kg/(k·Wh))
1	α_{f1}	−0.626 64	0.261 264	−0.000 593 28	5.590 259 344	0.191 000 528
2	α_{f2}	−2.619 16	−2.891 1	−0.001 076 077	10.139 486 67	0.346 432 461
3	α_{f3}	−0.123 19	−0.100 56	−6.300 37E-05	0.593 660 931	0.020 283 415
4	α_{f4}	−1.556 71	−1.171 52	−0.000 832 108	7.840 650 729	0.267 888 9
5	α_{f5}	−0.044 04	0	−3.519 82E-05	0.331 660 169	0.011 331 722
6	α_{f6}	−0.355 98	0	−0.000 284 602	2.681 697 394	0.091 624 661
7	α_{f7}	−1.095 97	0	−0.000 876 736	8.261 164 46	0.282 256 452
8	α_{f8}	−0.243 82	0	−0.000 194 915	1.836 614 35	0.062 750 99
9	α_{f9}	−0.042 06	0	−3.361 57E-05	0.316 748 259	0.010 822 232
10	α_{f10}	−0.049 45	0	−3.952 14E-05	0.372 395 423	0.012 723 51
11	给水泵	−13.615 6	0	−0.011 002 146	103.669 238 4	3.542 032 311
12	凝结水泵	−0.727 01	0	−0.000 581 408	5.478 399 652	0.187 178 655
13	#8	−1.043 04	−0.500 24	−0.000 657 8	6.198 210 711	0.211 772 199
14	#7	−1.983 59	−1.056 91	−0.001 214 604	11.444 775 62	0.391 029 834
15	#6	−1.557 74	0	−0.001 246 596	11.746 224 52	0.401 329 338
16	#5	−0.509 6	0	−0.000 407 473	3.839 466 813	0.131 181 783
17	#4	−1.755 06	0	−0.001 404 725	13.236 215 02	0.452 237 347
18	#3	−0.812 12	0	−0.000 649 521	6.120 203 827	0.209 106 964
19	#2	−1.665 96	0	−0.001 333 314	12.563 335 22	0.429 247 287
20	#1	−1.187 75	0	−0.000 950 221	8.953 590 16	0.305 914 33
21	和总	−31.612 6	−5.459 07	−0.023 946 644	225.640 559 3	7.709 385 775

附表 3-25　基于汽动给水泵实际系统的简捷热平衡计算汇总表

初终再热参数

序号	名称	新汽	再热	低进	名称	凝汽器	名称	凝汽器
1	蒸汽焓/(kJ/kg)	3 433.5	3 543	3 164.5	蒸汽焓/(kJ/kg)	2 438.1	排汽份额	0.654 049
2	蒸汽吸热量/(kJ/kg)	2 391.5	502.8	0	凝水焓/(kJ/kg)	140.7	凝水份额	0.680 734

加热器热平衡

序号	符号	#8 SC/F/DC	#7 高排 SC/F/DC	#6 SC/F	#5 C	#4 中排 SC/F	#3 F	#2 F(P)	#1 F(W)
1	h_j/(kJ/kg)	3 137.9	3 040.2	3 382.1	3 275.3	3 164.5	2 979.5	2 888.4	2 691.4
2	h_{wj}/(kJ/kg)	1 042	932.1	786	667	633	506	441.449 1	305.8
3	h_{dj}/(kJ/kg)	1 035	890.6	782.9	667	640	520.7	452.9	321.4
4	q_j/(kJ/kg)	2 102.9	2 149.6	2 599.2	2 642.3	2 524.5	2 458.8	2 582.6	2 550.7
5	γ_j/(kJ/kg)	0	144.4	107.7	149.9	0	119.3	214.9	0
6	τ_j/(kJ/kg)	109.9	146.1	119	34	127	64.550 94	135.649 1	165.1
7	A_j	1	1	1	1	0.840 638	0.840 638	0.840 638	0.732 486
8	B_j	0	0.053 328	0.119 294	0.154 625	0	0.044 23	0.065 814	0
9	α_j	0.053 328	0.063 126	0.035 331	0.004 308	0.032 12	0.021 584	0.040 008	0.050 142
10	h'_{w2}/(kJ/kg)	$h'_{w2}=439.8+(B_2+\alpha_2)/A_2\times(h_{d2}-439.8)$						441.449 062 3	
11	w_{ij}/(kJ/kg)	15.763 67	24.827 56	19.580 25	2.847 291	24.789 96	20.651 96	41.923 98	62.421 39

热力系统热平衡

序号	名称	数值	回热流	凝气流	附加 1	附加 2	附加 3	附加 4	附加 5
1	q_0/(kJ/kg)	2 830.156			−1.427 95	−4.163 18	0		
2	q_c/(kJ/kg)	1 613.282						64.384 87	46.284 39
3	w_i/(kJ/kg)	1 216.874	212.806 1	979.896 4	0	2.720 137	4.617 791	16.833 59	
4	校验	0							
5	η_i	0.429 967			与基准系统效率相对变化率			−0.026 192 095	

附表 3-27　基于汽动给水泵合成实际系统的等效焓降计算汇总表

初终再热参数

序号	名称	新汽	再热	低进	名称	凝汽器	名称	凝汽器
1	蒸汽焓/(kJ/kg)	3 433.5	3 543	3 164.5	蒸汽焓/(kJ/kg)	2 438.1	排汽份额	0.654 049
2	蒸汽吸热量/(kJ/kg)	2 391.5	502.8	0	凝水焓/(kJ/kg)	140.7	凝水份额	0.680 734

基于汽动给水泵合成实际系统等效焓降

序号	符号	#8 SC/F/DC	#7 高排 SC/F/DC	#6 SC/F	#5 C	#4 中排 SC/F	#3 F	#2 F(P)	#1 F(W)
1	h_j/(kJ/kg)	3 137.9	3 040.2	3 382.1	3 275.3	3 164.5	2 979.5	2 888.4	2 691.4
2	h_{wj}/(kJ/kg)	1 042	932.1	786	667	633	506	441.449 1	305.8
3	h_{dj}/(kJ/kg)	1 035	890.6	782.9	667	640	520.7	452.9	321.4
4	q_j/(kJ/kg)	2 102.9	2 149.6	2 599.2	2 642.3	2 524.5	2 458.8	2 582.6	2 550.7

（续表）

序号	符号	#8 SC/F/DC	#7高排 SC/F/DC	#6 SC/F	#5 C	#4中排 SC/F	#3 F	#2 F(P)	#1 F(W)
5	γ_j/(kJ/kg)	0	144.4	107.7	149.9	0	119.3	214.9	0
6	τ_j/(kJ/kg)	109.9	146.1	119	34	127	64.550 94	135.649 1	165.1
7	H_j/(kJ/kg)	977.956 7	943.646 4	816.582 2	752.470 5	650.177 9	488.899 1	433.904 6	253.3
8	η_j	0.465 051	0.438 987	0.314 167	0.284 779	0.257 547	0.198 836	0.168 011	0.099 306
9	ΔQ_j/(kJ/kg)	469.024 3	502.8	0	0	0	0	0	0
10	ξ_j	0.223 037	0.233 904	0	0	0	0	0	0
11	H_0/(kJ/kg)	1 251.155							
12	η_i	0.441 229							

局部定量

序号	名称	做功增量/(kJ/kg)	吸热增量/(kJ/kg)	相对变化	发电热耗率偏差/(kJ/(k·Wh))	发电标煤耗偏差/(kg/(k·Wh))
1	α_{f1}	−0.626 64	0.261 264	−0.000 593 28	5.590 259 344	0.191 000 528
2	α_{f2}	−2.619 16	−2.891 1	−0.001 076 077	10.139 486 67	0.346 432 461
3	α_{f3}	−0.123 19	−0.100 56	−6.300 37E−05	0.593 660 931	0.020 283 415
4	α_{f4}	−1.556 71	−1.171 52	−0.000 832 108	7.840 650 729	0.267 888 9
5	α_{f5}	−0.044 04	0	−3.519 82E−05	0.331 660 169	0.011 331 722
6	α_{f6}	−0.355 98	0	−0.000 284 602	2.681 697 394	0.091 624 661
7	α_{f7}	−1.095 97	0	−0.000 876 736	8.261 164 46	0.282 256 452
8	α_{f8}	−0.243 82	0	−0.000 194 915	1.836 614 35	0.062 750 99
9	α_{f9}	−0.042 06	0	−3.361 57E−05	0.316 748 259	0.010 822 232
10	α_{f10}	−0.049 45	0	−3.952 14E−05	0.372 395 423	0.012 723 51
11	给水泵	−16.284 1	0	−0.013 186 899	124.255 376 5	4.245 392 031
12	凝结水泵	−0.727 01	0	−0.000 581 408	5.478 399 652	0.187 178 655
13	#8	−1.043 04	−0.500 24	−0.000 657 8	6.198 210 711	0.211 772 199
14	#7	−1.983 59	−1.056 91	−0.001 214 604	11.444 775 62	0.391 029 834
15	#6	−1.557 74	0	−0.001 246 596	11.746 224 52	0.401 329 338
16	#5	−0.509 6	0	−0.000 407 473	3.839 466 813	0.131 181 783
17	#4	−1.755 06	0	−0.001 404 725	13.236 215 02	0.452 237 347
18	#3	−0.812 12	0	−0.000 649 521	6.120 203 827	0.209 106 964
19	#2	−1.665 96	0	−0.001 333 314	12.563 335 22	0.429 247 287
20	#1	−1.187 75	0	−0.000 950 221	8.953 590 16	0.305 914 33
21	和总	−34.281 2	−5.459 07	−0.026 192 095	246.798 633 3	8.432 286 638

附录 2　热力发电厂课程设计任务书

附录 2.1　课程设计目的

“热力发电厂课程设计”是热能工程专业本科学生修学专业课程“热力发电厂”后的一个实践性教学环节。

“热力发电厂课程设计”的教学目的包括：一是要求学生结合课程设计需要，学习相关理论知识，提升学习能力；二是要求学生结合工程实际，通过自行组织设计方案、论证内容并提出改进和优化建议，提升工作能力；三是要求学生总结设计成果，撰写设计报告和答辩 PPT(演示文稿)，提升展示能力。

附录 2.2　课程设计内容

(1) 参数校验与修正

结合选定设计机组(机组选项见附录 3)热力系统的特点，建立参数校验的模型和判断准则，并在参数校验的基础上对不满足校验判据或缺失参数予以修正。

机组热力系统的结构特点可以通过再热器位置、分缸抽汽位置、除氧器的位置、蒸汽冷却器 SC 位置、疏水冷却器 DC 位置、疏水泵位置等予以描述。

热力系统参数包括以下几类：一是初终再热参数；二是抽汽参数；三是回热加热器参数。

其中，初终再热参数包括主蒸汽焓、再热蒸汽焓、低压缸进汽焓以及汽轮机排汽焓等；抽汽参数是指抽汽焓等；回热加热器参数包括出水焓和疏水焓等。

附录 3 中给出可供选择的国产 N300 MW、国产 N600 MW、引进 300 MW、引进 600 MW、法国 300 MW、意大利 328 MW、日立 250 MW、日立 350 MW 等凝汽式机组的热力系统和参数，亦可以自行选定其他机组。

(2) 基准系统的热平衡与等效焓降计算

基准系统是指不包含任何辅助成分的热力系统，是热力计算的基础。

热平衡计算采用简捷热平衡计算方法。

等效焓降计算采用再热机组变热量计算方法。

要求：热平衡计算中，正反平衡热效率精确相等；等效焓降完成热效率的整体计算，且其计算结果与热平衡精确相等。

(3) 实际系统的热平衡与等效焓降计算

实际系统是指在基准系统热力系统中,增加给水泵、轴封系统以及加热器散热损失等辅助成分后形成的热力系统。

热平衡计算采用简捷热平衡计算方法。

等效焓降计算采用再热机组变热量应用法则计算方法。

要求:热平衡计算中,正反平衡热效率精确相等;等效焓降完成附加成分的局部定量计算,且其计算结果(与理想工况间效率相对变化率)与热平衡(与理想工况间效率相对变化率)精确相等。

(4) 分析系统的热平衡与等效焓降计算

分析系统是指在实际系统的基础上,调整给定的辅助成分(任务选题见附录4)后形成的热力系统。

热平衡计算采用简捷热平衡计算方法。

等效焓降计算采用再热机组变热量应用法则计算方法。

要求:热平衡计算中,正反平衡热效率精确相等;等效焓降完成附加成分的局部定量计算,且其计算结果(与理想工况间效率相对变化率)与热平衡(与理想工况间效率相对变化率)趋势相同,误差较小(10^{-5}左右)。

附录 2.3　课程设计要求、进度控制以及成绩评定

(1) 设计要求和进度控制

第一周:

根据机组选项(指定或自定),完成参数校验与修正(1 天)。

根据机组选项(指定或自定),完成基准系统热平衡与等效焓降计算(2 天)。

根据机组选项(指定或自定),完成实际系统热平衡与等效焓降计算(2 天)。

第二周:

根据任务选项(指定或自定),完成分析系统热平衡与等效焓降计算(3 天)。

撰写课程设计报告和答辩 PPT(介绍核心成果,除封面和封底外,不超过 6 页)。

(2) 成绩评定

课程设计答辩一般安排在课程设计第二周的周末。

考核成绩由课程设计报告(含选定任务及其工作量、质量和结论的正确性,占70%)、答辩成绩(考核知识掌握、独立工作能力和表达能力,占 20%)和平时考勤(占 10%),加权综合评定。

(3) 注意事项

学生必须独立完成设计任务，同样的设计题目，必须有各自不同的特点。未完成课程设计全部内容，将在课程设计成绩评定中予以扣减。

附录3 课程设计任务选题

学生可以根据自己的学习能力和分析意愿,在以下课题中任意选择一项作为设计任务完成,或者结合自主学习的需要,自己提出课程设计任务选题(该类选题须得到指导教师的审定方可执行)。

附录3.1 加热器散热损失分析

(1) 概述

加热器保温性能退化,可以通过各加热器热利用系数的改变对其做局部定量分析。

(2) 机理分析

散热损失只涉及加热器吸热量的改变,例如,我们认为由于散热损失的存在,各加热器需要多吸收一部分热量,并转化为附加冷源损失。

其中,各加热器多吸收的热量为:$\Delta q_j = A_j \cdot \tau_j \cdot \left(\frac{1}{\eta_h} - 1\right)$,而这些多吸收的热量散失到环境中,构成了附加冷源损失。

各加热器由于其所处的位置(例如,位于高压加热器组内的加热器,其出水份额一般为1,而低压加热器组内的加热器,其出水份额一般小于1)和给水焓升的差异,即便加热器的热量利用系数相同,其散热损失及其对汽轮机内效率的影响亦不相同。

(3) 任务

逐级、成组分析各加热器热量利用系数改变对汽轮机内效率的影响。

附录3.2 蒸汽冷却器(SC)系统分析

(1) 概述

蒸汽冷却器(SC)是利用抽汽过热度在SC内的加热作用,提升该加热器的出水温度和出水焓,达到降低端差的目的。

(2) 机理分析

蒸汽冷却器有内置式蒸汽冷却器、外置串联蒸汽冷却器和外置并联蒸汽冷却器。外置式蒸汽冷却器仅用于抽汽过热度最高的中压缸第一级抽汽，但实际应用较少。

以内置式蒸汽冷却器为例，主要用于抽汽过热度(抽汽温度与抽汽压力下饱和温度之差)较高的高压加热器，视过热度高低以及蒸汽冷却段传热状况双重影响，内置式蒸汽冷却器的端差(加热器壳侧压力下饱和温度与出水温度之差)大约为－1～1℃；如果无蒸汽冷却器，则高压加热器和低压加热器的端差分别为2～3℃和3～5℃。换言之，高压加热器有无内置式蒸汽冷却器，其出水温度大约相差2～3℃。

由于热力系统连接关系的复杂性和多样性，各级加热器出水温度与出水焓变化所产生的参数变化均不相同，大致包含以下几种情形：情形一：高压级有SC；情形二：高压级无SC；情形三：高压级为混合式加热器；情形四：无高压级加热器。

下面以取消SC，出水温度与出水焓降低为例，分析其参数及加热器内冷热工质吸放热量的关联变化。

情形一：本级出水焓降低(与端差对应焓差相等)，本级给水焓升降低；高压级疏水焓降低(与端差对应焓差相等)，高压级抽汽放热量、疏水放热量、给水焓升均增加。

情形二：本级出水焓降低(与端差对应焓差相等)，本级给水焓升降低；高压级疏水焓不变，高压级给水焓升增加。

情形三：本级出水焓降低(与端差对应焓差相等)，本级给水焓升降低；高压级为抽汽放热量、疏水放热量和给水焓升均增加。

情形四：本级出水焓降低(与端差对应焓差相等)，本级给水焓升降低；锅炉汽轮机吸热量增加。

各加热器由于其所处的位置不同(如上述四种情形)，即便其出水焓的改变量相同，其在相邻加热器间产生的吸放热量改变均不相同，对汽轮机内效率的影响亦不相同。

(3) 任务

① 逐级、成组分析各加热器内置蒸汽冷却器取消(或增加)对汽轮机内效率的影响。

② 对于过热度最高的加热器，将内置式蒸汽冷却器改为外置串联或外置并联蒸汽冷却器。

附录 3.3　疏水冷却器(DC)系统分析

(1) 概述

疏水冷却器(DC)是利用加热器进口水在 DC 内的冷却作用,降低该加热器的疏水温度和疏水焓,达到减少疏水热量排挤低压抽汽的目的。

(2) 机理分析

疏水冷却器有内置式和外置式(后期改造)两种,其作用是相同的。

疏水冷却器可以用于所有表面式加热器,高压加热器和低压加热器均可使用,是改善表面式加热器热量利用效果的常用方法。

根据疏水冷却器(DC)传热的状况(传热系数或传热面积)的不同,该加热器疏水温度与进口水温之间存在下端差(又称为疏水端差)的约束,该端差大约为 10～20℃;如果没有疏水冷却器,疏水温度和疏水焓为壳侧压力下饱和水温度和饱和水焓,这时,尽管疏水温度与进口水温之间依然存在差值,但不具有约束作用。可见,表面式加热器是否装设疏水冷却器,主要表现在其疏水温度高(无 DC 的情形)或低(有 DC 的情形)。

分下列两种情形说明参数变化及其在相邻加热器内冷热工质吸放热量的影响。情形一:取消 DC;情形二:增加 DC。

特别需要说明:对于带疏水泵和末级疏水去热井的表面式加热器,没有必要设置 DC。

情形一:取消 DC,则疏水焓提高(与壳侧压力下的饱和水焓相等),则本级抽汽放热量和疏水放热量均降低;低压级疏水放热量增加。

情形二:增加 DC,则疏水温度与疏水焓降低(进口水焓与下端差对应焓差之和),则本级抽汽放热量和疏水放热量均增加;低压级疏水放热量降低。

各加热器由于其所处的位置不同(如高压加热器组、低压加热器组及其不同的组内位置),即便其疏水焓的改变量相同,其疏水份额差异大,对汽轮机内效率的影响亦不相同。

(3) 任务

逐级、成组分析各加热器疏水冷却器取消(或增加)对汽轮机内效率的影响。

附录3.4 疏水泵(DP)系统分析

(1) 概述

疏水泵(DP)是利用疏水泵截流疏水,将疏水热量回收利用于本级的一种节能措施,达到了杜绝疏水热量排挤低压抽汽的目的。

(2) 机理分析

表面式加热器配置疏水泵(DP)后,其疏水不再排挤低抽汽,等效于混合式加热器(抽汽放热量和疏水放热量均采用混合式加热器的定义);另外,配置疏水泵(DP)后无需冗余配置疏水冷却器(DC),以便利用较高的疏水焓进一步提升出水焓。

根据疏水泵的工作原理,疏水泵可用于汽轮机回热系统中任何一个表面式加热器,但考虑其设备投资、运行耗功以及运行可靠性,疏水泵主要用于低压加热器组,且一般只配置1台,最多不超过2台。

由于疏水泵混合点后的焓值(影响本级与高压级的给水焓升)与相邻加热器(本级与高压级)抽汽份额相关,需要联立求解本级加热器、高压级加热器和混合点后焓值。

疏水泵不仅会改变本级加热器的出水焓,还改变了加热器的类型(例如,加装疏水泵后,本级加热器由表面式改为混合式),影响到相邻加热器内冷热工质抽汽放热量、疏水放热量和给水焓升。

针对以下几种情形,分别说明参数变化及其在相邻加热器内冷热工质吸放热量的影响。情形一:取消DP,高压级有DC;情形二:取消DP,高压级无DC;情形三:取消DP,高压级为混合式加热器;情形四:增加DP,高压级有DC;情形五:增加DP,高压级无DC。

情形一:本级出水焓降低(由混合点后出水焓变为混合点前出水焓),本级加热器的类型由混合式改为表面式,其抽汽放热量、疏水放热量与给水焓升均降低;高压级疏水焓降低,高压级抽汽放热量、疏水放热量和给水焓升均增加;低压级疏水份额和疏水放热量均增加。

情形二:本级出水焓降低(由混合点后出水焓变为混合点前出水焓),本级加热器的类型由混合式改为表面式,其抽汽放热量、疏水放热量与给水焓升均降低;高压级疏水焓不变,高压级给水焓升增加;低压级疏水份额和疏水放热量均增加。

情形三:本级出水焓降低(由混合点后出水焓变为混合点前出水焓),本级加热器的类型由混合式改为表面式，其抽汽放热量、疏水放热量与给水焓升均降低；高压级抽汽放热量、疏水放热量和给水焓升均增加；低压级疏水份额和疏水放热量均增加。

情形四：本级出水焓增加(由混合点前出水焓变为混合点后出水焓)，本级加热器的类型由表面式改为混合式，其抽汽放热量、疏水放热量与给水焓升均增加；高压级疏水焓提高，高压级抽汽放热量、疏水放热量和给水焓升均降低；低压级疏水份额和疏水放热量均为 0。

情形五：本级出水焓增加(由混合点前出水焓变为混合点后出水焓)，本级加热器的类型由表面式改为混合式，其抽汽放热量、疏水放热量与给水焓升均增加；高压级疏水焓不变，高压级给水焓升降低；低压级疏水份额和疏水放热量均为 0。

各加热器由于其所处的位置不同(如在低压加热器组内不同位置)，即便其出水焓的改变量相同，其疏水份额差异大，对汽轮机内效率的影响亦不相同。

(3) 任务

① 末级、次末级、次次末级取消(或增加)1 台疏水泵，分析对汽轮机内效率的影响。

② 末级—次次末级、末级—次末级取消(或增加)2 台疏水泵，分析对汽轮机内效率的影响。

附录 3.5 轴封系统分析

(1) 概述

汽轮机转子(转动部分)和汽缸(静止部分)不可避免地存在间隙，也就不可避免地存在漏汽(高温高压蒸汽漏入周边常压空间内)。这些漏汽不仅影响设备的安全性，也产生了可观的能量损失。

为了改善机组运行的安全性和经济性，在汽轮机动静间隙处设置了结构形式各异的轴封系统，极大地减少了轴封漏汽量；同时，还根据这些漏汽的参数，将这些漏汽引入回热系统，部分回收其能量。

(2) 机理分析

轴封漏汽的分析包含轴封漏汽(离开汽轮机)和漏汽回收(进入汽轮机)两个部分。尽管轴封漏汽的热量(漏汽量与漏汽焓的乘积)和漏汽回收的热量(回收量与回收漏汽焓的乘积)在数值上相等，但由于漏汽处与回收处的能级差异，轴封漏汽依然造成了能量损失。

根据轴封漏汽的位置，分为再热冷段（高压缸内）和再热热段（中低压缸内）两种；根据漏汽回收的位置，同样分为再热冷段（一般是高压缸抽汽与高压缸排汽）和再热热段（中低压缸的抽汽或排汽）两种。

我们将每一股轴封漏汽与该股漏汽回收的组合称为该股汽流的轴封漏汽利用系统，这种系统包含以下三种情形：情形一：再热冷段漏汽利用于再热冷段；情形二：再热冷段漏汽利用于再热热段；情形三：再热热段漏汽利用于再热热段。

由于漏汽压力的问题，再热热段漏汽利用于再热冷段无法实现。

情形一：

对于漏汽离开汽轮机，再热吸热量减少（漏汽份额与单位工质再热吸热量的乘积），汽轮机排汽份额减少（漏汽份额），汽轮机内功增加（漏汽份额与该漏气的做功焓降乘积）。

对于漏汽进入加热器汽侧，该级抽汽份额变化（在热平衡中增加漏汽份额与漏汽放热量的乘积，其中，漏汽放热量的定义与抽汽放热量相同），低压级加热器的出水份额或疏水份额做相应调整（考虑漏汽份额的影响）。

情形二：

对于漏汽离开汽轮机，再热吸热量减少（漏汽份额与单位工质再热吸热量的乘积），汽轮机排汽份额减少（漏汽份额），汽轮机内功增加（漏汽份额与该漏气的做功焓降乘积）。

对于漏汽进入加热器汽侧，该级抽汽份额变化（在热平衡中增加漏汽份额与漏汽放热量的乘积，其中，漏汽放热量的定义与抽汽放热量相同），低压级加热器的出水份额或疏水份额做相应调整（考虑漏汽份额的影响）。

情形三：

对于漏汽离开汽轮机，汽轮机排汽份额减少（漏汽份额），汽轮机内功增加（漏汽份额与该漏气的做功焓降乘积）。

对于漏汽进入加热器汽侧，该级抽汽份额变化（在热平衡中增加漏汽份额与漏汽放热量的乘积，其中，漏汽放热量的定义与抽汽放热量相同），低压级加热器的出水份额或疏水份额做相应调整（考虑漏汽份额的影响）。

(3) 任务

选择再热冷段和再热热段漏汽份额与漏汽焓乘积较大的两股轴封漏汽利用系统，完成以下分析：①比较再热冷段轴封漏汽回收到再热冷段与再热热段抽汽

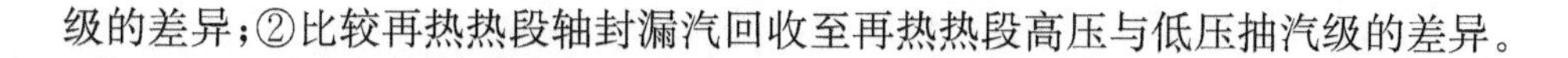

级的差异；②比较再热热段轴封漏汽回收至再热热段高压与低压抽汽级的差异。

附录 3.6 减温喷水系统分析

(1) 概述

由于机组负荷或者煤种的大范围变化，过热汽温和再热汽温难以维持恒定，特别是当汽温超温时，对设备的安全性产生较大危害，必须采取减温喷水控制过热汽温和再热汽温。

(2) 机理分析

根据减温喷水的来源，分为离开高加出口和离开给水泵出口(或给水泵中心抽头)两种；根据减温喷水的去向，同样分为进入过热器(随主蒸汽进入高压缸进口)和进入再热器(随再热蒸汽进入中压缸进口)两种。

我们将每一股减温喷水离开热力系统与进入热力系统的组合称为该股减温喷水系统，这种系统包含以下四种情形：情形一：高加出口减温水进入过热器；情形二：给水泵出口减温水进入过热器；情形三：高加出口减温水进入再热器；情形四：给水泵中心抽头减温水进入再热器。

减温喷水系统的分析策略有以下两种方案：一是等减温水量(或份额)分析；二是等降温幅度分析。前者可以针对减温水进出热力系统的不同情形，单纯比较各种减温喷水系统的经济性；后者可以综合考虑减温水量需求以及减温水进出热力系统的不同情形，综合比较各种减温喷水系统的经济性。

对于等降温幅度的分析，需要由过热器或再热器的热平衡，分别确定减温喷水份额。

情形一：$\alpha_{ps}=\dfrac{(h'_0-h_0)}{(h'_0-h_{w8})}$ (h'_0、h_0、h_{w8} 分别是超温后与原主汽焓和减温水焓)

情形二：$\alpha_{ps}=\dfrac{(h'_0-h_0)}{(h'_0-h_{w5})}$ (h'_0、h_0、h_{w5} 分别是超温后与原主汽焓和减温水焓)

情形三：$\alpha_{ps}=\dfrac{\alpha_{rh}\cdot(h'_{rh}-h_{rh})}{(h'_{rh}-h_{w8})}$ (α_{rh}、h'_{rh}、h_{rh} 分别是再热蒸汽份额超温后与原再热汽焓)

情形四：$\alpha_{ps}=\dfrac{\alpha_{rh}\cdot(h'_{rh}-h_{rh})}{(h'_{rh}-h_{w5})}$ (α_{rh}、h_{w5} 分别是再热汽份额和减温水焓)

而对于减温喷水产生的经济性影响，分析如下：

情形一：

由于减温喷水仅仅造成锅炉内各受热面间热量重新分配，对于汽轮机做功量和吸热量均未产生影响，所以，对汽轮机内效率无影响。

情形二：

减温喷水旁路高压加热器，造成其出水份额减少（与减温水份额相等），高压加热器组内各级抽汽份额减少；同时，锅炉内多吸热（减温水份额与高压加热器组各级给水吸热总和的乘积）。

情形三：

减温喷水旁路汽轮机高压缸，汽轮机减少做功（减温水份额与高压缸焓降的乘积）；同时，锅炉内减少吸热（减温水份额与高压缸焓降的乘积）。

情形四：

减温喷水旁路高压加热器，造成其出水份额减少（与减温水份额相等），高压加热器组内各级抽汽份额减少；减温喷水旁路汽轮机高压缸，汽轮机减少做功（减温水份额与高压缸焓降的乘积）；同时，锅炉内减少吸热 1（减温水份额与高压缸焓降的乘积）以及锅炉内减少吸热 2（减温水份额与高压加热器组各级给水吸热总和的乘积）。

(3) 任务

等减温水份额，比较四种情形下，减温喷水对汽轮机经济性的影响；

等降温幅度（如超温 5℃），比较四种情形下，减温喷水的汽轮机经济性的影响。

附录 4　设计机组相关资料

附录 4.1　国产 N300 MW 机组

N300-165/550/550 机组热力系统图表：

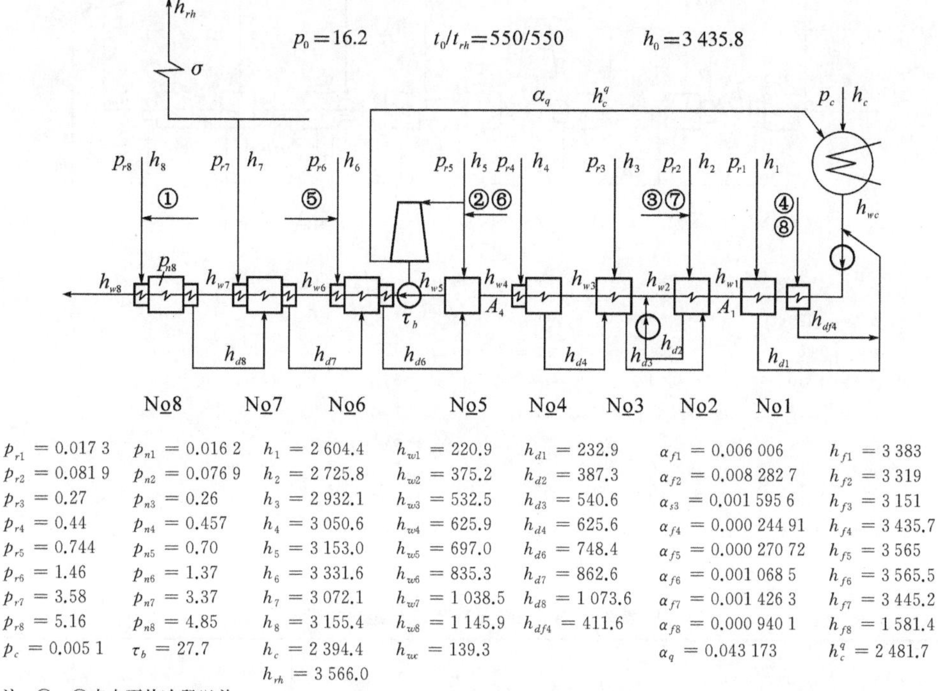

$p_{r1}=0.017\,3$	$p_{n1}=0.016\,2$	$h_1=2\,604.4$	$h_{w1}=220.9$	$h_{d1}=232.9$	$\alpha_{f1}=0.006\,006$	$h_{f1}=3\,383$
$p_{r2}=0.081\,9$	$p_{n2}=0.076\,9$	$h_2=2\,725.8$	$h_{w2}=375.2$	$h_{d2}=387.3$	$\alpha_{f2}=0.008\,282\,7$	$h_{f2}=3\,319$
$p_{r3}=0.27$	$p_{n3}=0.26$	$h_3=2\,932.1$	$h_{w3}=532.5$	$h_{d3}=540.6$	$\alpha_{s3}=0.001\,595\,6$	$h_{f3}=3\,151$
$p_{r4}=0.44$	$p_{n4}=0.457$	$h_4=3\,050.6$	$h_{w4}=625.9$	$h_{d4}=625.6$	$\alpha_{f4}=0.000\,244\,91$	$h_{f4}=3\,435.7$
$p_{r5}=0.744$	$p_{n5}=0.70$	$h_5=3\,153.0$	$h_{w5}=697.0$	$h_{d6}=748.4$	$\alpha_{f5}=0.000\,270\,72$	$h_{f5}=3\,565$
$p_{r6}=1.46$	$p_{n6}=1.37$	$h_6=3\,331.6$	$h_{w6}=835.3$	$h_{d7}=862.6$	$\alpha_{f6}=0.001\,068\,5$	$h_{f6}=3\,565.5$
$p_{r7}=3.58$	$p_{n7}=3.37$	$h_7=3\,072.1$	$h_{w7}=1\,038.5$	$h_{d8}=1\,073.6$	$\alpha_{f7}=0.001\,426\,3$	$h_{f7}=3\,445.2$
$p_{r8}=5.16$	$p_{n8}=4.85$	$h_8=3\,155.4$	$h_{w8}=1\,145.9$	$h_{df4}=411.6$	$\alpha_{f8}=0.000\,940\,1$	$h_{f8}=1\,581.4$
$p_c=0.005\,1$	$\tau_b=27.7$	$h_c=2\,394.4$	$h_{wc}=139.3$		$\alpha_q=0.043\,173$	$h_c^q=2\,481.7$
		$h_{rh}=3\,566.0$				

注：①～④来自再热冷段以前。

附表 1　N300-165/550/550 机组热力系统

No	H_j^0	η_j^0	H_j	η_j	α_j	τ_j	q_j	γ_j
1	210.0	0.085 189	210.0	0.085 189	0.022 072	81.6	2 465.1	
2	324.4	0.129 51	324.4	0.129 51	0.036 425	156.2	2 504.9	319.
3	489.3	0.204 60	489.3	0.204 6	0.052 103	155.4	2 391.5	85.
4	590.4	0.243 46	590.4	0.243 460	0.031 561	93.4	2 425.0	
5	676.8	0.267 82	676.8	0.267 82	0.009 629 3	71.1	2 527.1	122.5
6	822.6	0.318 44	822.6	0.318 44	0.037 049	138.3	2 583.2	114.2
7	1 020.6	0.461 91	800.4	0.362 25	0.088 791	203.2	2 209.5	211.0
8	1 006.4	0.483 43	807.3	0.387 79	0.045 842	107.4	2 081.8	

$Q=2\,709.3$　$Q_0=2\,783.8$　$A_4=0.803\,06$　$\Delta Q_{rh-7}=493.9$

$H=1\,208.4$　$H_0=1\,241.4$　$A_1=0.679\,95$　$\Delta Q_{rh-8}=446.7$

$\eta_i=0.445\,9$　$\alpha_{rh}=0.849\,24$

附录 4.2　国产 N600 MW 机组

N600-165/535/535 机组热力系统图表：

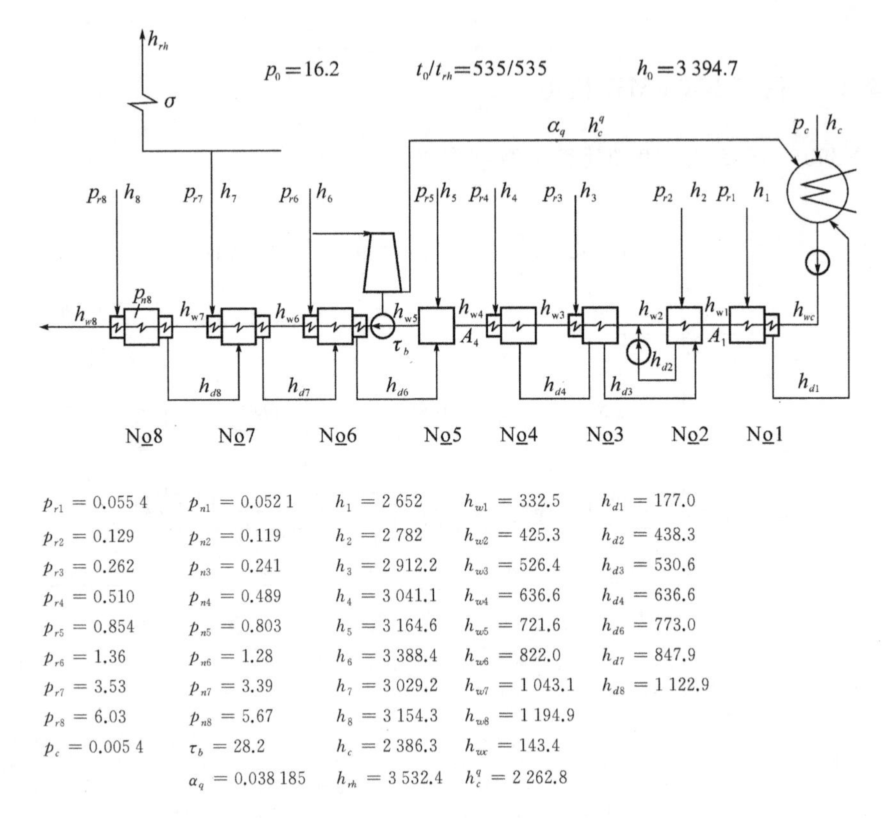

$p_{r1}=0.055\,4$　$p_{n1}=0.052\,1$　$h_1=2\,652$　$h_{w1}=332.5$　$h_{d1}=177.0$

$p_{r2}=0.129$　$p_{n2}=0.119$　$h_2=2\,782$　$h_{w2}=425.3$　$h_{d2}=438.3$

$p_{r3}=0.262$　$p_{n3}=0.241$　$h_3=2\,912.2$　$h_{w3}=526.4$　$h_{d3}=530.6$

$p_{r4}=0.510$　$p_{n4}=0.489$　$h_4=3\,041.1$　$h_{w4}=636.6$　$h_{d4}=636.6$

$p_{r5}=0.854$　$p_{n5}=0.803$　$h_5=3\,164.6$　$h_{w5}=721.6$　$h_{d6}=773.0$

$p_{r6}=1.36$　$p_{n6}=1.28$　$h_6=3\,388.4$　$h_{w6}=822.0$　$h_{d7}=847.9$

$p_{r7}=3.53$　$p_{n7}=3.39$　$h_7=3\,029.2$　$h_{w7}=1\,043.1$　$h_{d8}=1\,122.9$

$p_{r8}=6.03$　$p_{n8}=5.67$　$h_8=3\,154.3$　$h_{w8}=1\,194.9$

$p_c=0.005\,4$　$\tau_b=28.2$　$h_c=2\,386.3$　$h_{wc}=143.4$

$\alpha_q=0.038\,185$　$h_{rh}=3\,532.4$　$h_c^q=2\,262.8$

附表 2　N600-165/535/535 机组热力系统

No	H_j^0	η_j^0	H_j	η_j	α_j	τ_j	q_j	γ_j
1	265.7	0.107 35	265.7	0.107 35	0.053 714	189.1	2 475.0	
2	375.4	0.153 26	375.4	0.153 26	0.025 132	94.4	2 449.5	198.1
3	475.2	0.199 53	475.2	0.199 53	0.031 692	99.5	2 381.6	106.0
4	582.9	0.242 42	582.9	0.242 42	0.036 589	110.2	2 404.5	
5	679.0	0.275 71	697.0	0.275 71	0.023 543	84.8	2 528.0	136.4
6	783.2	0.311 36	783.2	0.311 36	0.024 209	100.6	2 515.4	74.9
7	1 003.9	0.460 23	779.4	0.357 31	0.093 621	221.1	2 181.3	275.0
8	1 002.4	0.493 45	806.2	0.396 87	0.076 252	151.8	2 031.4	

$Q=2\,617.5$　$Q_0=2\,703.0$　$A_4=0.782\,38$　$\Delta Q_{rh-7}=503.2$

$H=1\,167.9$　$H_0=1\,206.1$　$A_1=0.688\,97$　$\Delta Q_{rh-8}=439.8$

$\eta_i=0.446\,2$　$\alpha_{rh}=0.830\,13$

附录 4.3 引进 300 MW 机组

引进 300MW 机组热力系统图表：

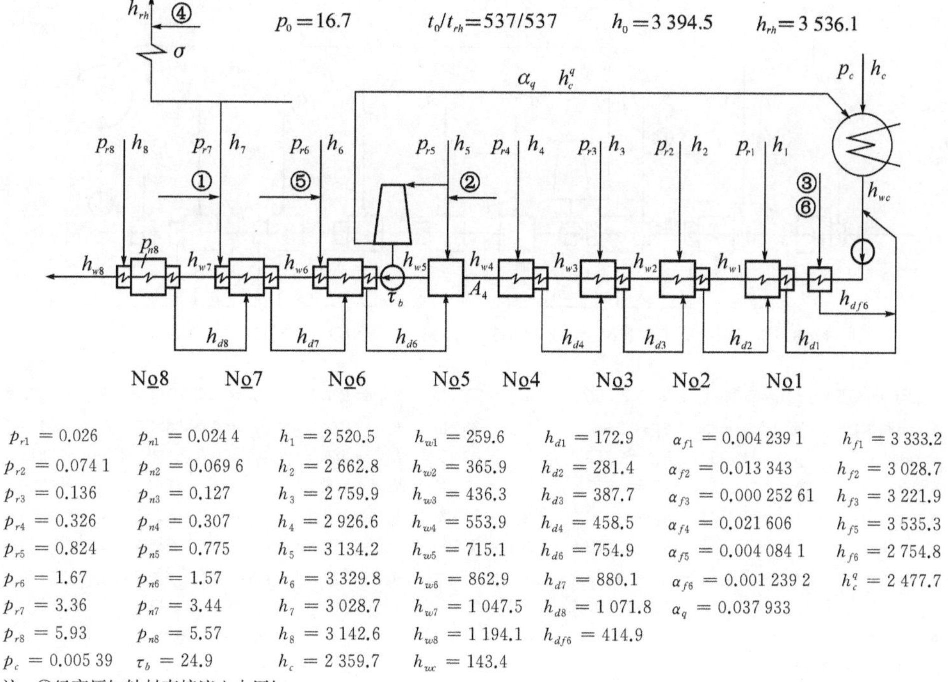

注：④经高压缸轴封直接流入中压缸；
①～④来自再热冷段以前。

附表 3 引进 300MW 机组热力系统

No	H_j^0	η_j^0	H_j	η_j	α_j	τ_j	q_j	γ_j
1	160.8	0.067 654 5	160.8	0.067 645	0.030 723	116.2	2 377.1	138.0
2	293.8	0.123 37	293.8	0.123 37	0.031 852	106.3	2 381.4	106.3
3	377.8	0.159 26	377.8	0.159 26	0.021 832	70.4	2 372.2	70.8
4	533.2	0.216 04	533.2	0.216 04	0.036 854	117.6	2 468.1	
5	716.9	0.277 84	716.9	0.277 84	0.035 321	161.2	2 580.3	201.0
6	856.7	0.332 71	856.7	0.332 71	0.036 631	147.8	5 274.9	125.2
7	1 021.3	0.475 33	791.3	0.368 29	0.076 154	184.6	2 148.6	191.7
8	1 044.1	0.504 20	834.6	0.403 03	0.072 239	146.6	2 070.8	

$Q=2\ 612.5$ $Q_0=2\ 707.8$ $A_4=0.757\ 99$ $\Delta Q_{rh-7}=507.4$

$H=1\ 184.3$ $H_0=1\ 227.6$ $A_c=0.597\ 31$ $\Delta Q_{rh-8}=462.1$

$\eta_i=0.453\ 3$ $\alpha_{rh}=0.812\ 174$

附录 4.4　引进 600 MW 机组

引进 600 MW 机组热力系统图表：

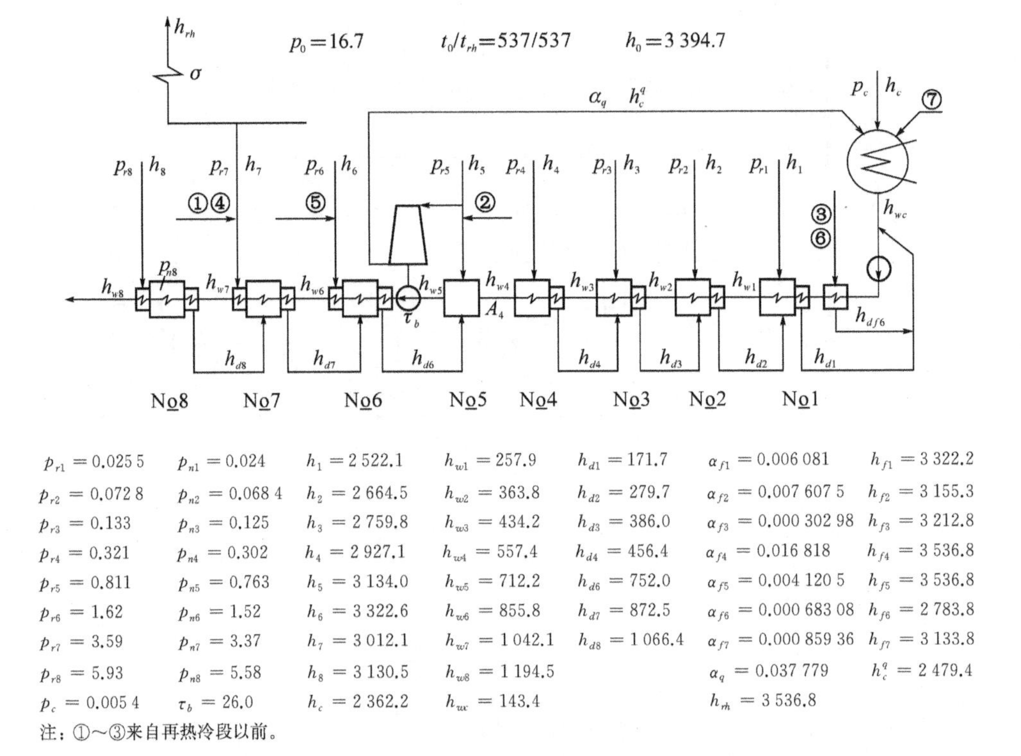

$p_{r1}=0.025\ 5$　$p_{n1}=0.024$　$h_1=2\ 522.1$　$h_{w1}=257.9$　$h_{d1}=171.7$　$\alpha_{f1}=0.006\ 081$　$h_{f1}=3\ 322.2$

$p_{r2}=0.072\ 8$　$p_{n2}=0.068\ 4$　$h_2=2\ 664.5$　$h_{w2}=363.8$　$h_{d2}=279.7$　$\alpha_{f2}=0.007\ 607\ 5$　$h_{f2}=3\ 155.3$

$p_{r3}=0.133$　$p_{n3}=0.125$　$h_3=2\ 759.8$　$h_{w3}=434.2$　$h_{d3}=386.0$　$\alpha_{f3}=0.000\ 302\ 98$　$h_{f3}=3\ 212.8$

$p_{r4}=0.321$　$p_{n4}=0.302$　$h_4=2\ 927.1$　$h_{w4}=557.4$　$h_{d4}=456.4$　$\alpha_{f4}=0.016\ 818$　$h_{f4}=3\ 536.8$

$p_{r5}=0.811$　$p_{n5}=0.763$　$h_5=3\ 134.0$　$h_{w5}=712.2$　$h_{d6}=752.0$　$\alpha_{f5}=0.004\ 120\ 5$　$h_{f5}=3\ 536.8$

$p_{r6}=1.62$　$p_{n6}=1.52$　$h_6=3\ 322.6$　$h_{w6}=855.8$　$h_{d7}=872.5$　$\alpha_{f6}=0.000\ 683\ 08$　$h_{f6}=2\ 783.8$

$p_{r7}=3.59$　$p_{n7}=3.37$　$h_7=3\ 012.1$　$h_{w7}=1\ 042.1$　$h_{d8}=1\ 066.4$　$\alpha_{f7}=0.000\ 859\ 36$　$h_{f7}=3\ 133.8$

$p_{r8}=5.93$　$p_{n8}=5.58$　$h_8=3\ 130.5$　$h_{w8}=1\ 194.5$　$\alpha_q=0.037\ 779$　$h_c^q=2\ 479.4$

$p_c=0.005\ 4$　$\tau_b=26.0$　$h_c=2\ 362.2$　$h_{wc}=143.4$　$h_{rh}=3\ 536.8$

注：①～③来自再热冷段以前。

附表 4　引进 600 MW 机组热力系统

No	H_j^0	η_j^0	H_j	η_j	α_j	τ_j	q_j	γ_j
1	159.9	0.067 222	159.9	0.067 222	0.030 918	114.5	2 378.7	136.3
2	293.1	0.122 90	293.1	0.122 90	0.031 817	105.9	2 384.8	106.3
3	375.3	0.158 10	375.3	0.158 10	0.021 920	70.4	2 373.8	70.4
4	531.5	0.215 12	531.5	0.215 12	0.036 843	117.2	2 470.7	
5	714.7	0.276 74	714.7	0.276 74	0.040 597	160.8	2 582.6	200.6
6	847.8	0.329 81	847.8	0.329 81	0.034 873	143.6	2 570.6	120.5
7	1 022.3	0.477 80	781.9	0.365 44	0.053 389	186.3	2 139.6	193.9
8	1 048.1	0.507 78	829.4	0.401 82	0.075 340	152.4	2 064.1	

$Q=2\ 650.0$　$Q_0=2\ 724.9$　$A_4=0.761\ 16$　$\Delta Q_{rh-7}=524.7$

$H=1\ 214.0$　$H_0=1\ 248.3$　$A_c=0.600\ 04$　$\Delta Q_{rh-8}=477.1$

$\eta_i=0.458\ 1$　$\alpha_{rh}=0.857\ 26$

附录 4.5　法国 300 MW 机组

法国 300 MW 机组热力系统图表：

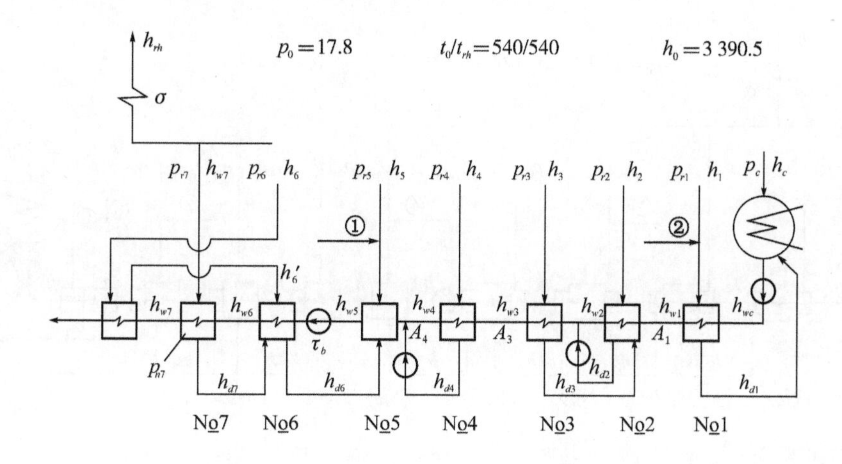

$p_{r1}=0.029\ 8$　$p_{n1}=0.029\ 2$　$h_1=2\ 532.5$　$h_{w1}=276.2$　$h_{d1}=286.6$　$\alpha_{f1}=0.003\ 922$

$p_{r2}=0.088\ 5$　$p_{n2}=0.085\ 6$　$h_2=2\ 678.1$　$h_{w2}=388.7$　$h_{d2}=299.3$　$\alpha_{f2}=0.001\ 665\ 8$

$p_{r3}=0.253$　$p_{n3}=0.245$　$h_3=2\ 861.9$　$h_{w3}=521.5$　$h_{d3}=532.0$　$h_{f1}=3\ 046.4$

$p_{r4}=0.473$　$p_{n4}=0.459$　$h_4=2\ 981.0$　$h_{w4}=615.2$　$h_{d4}=626.1$　$h_{f2}=2\ 773.0$

$p_{r5}=1.10$　$p_{n5}=1.01$　$h_5=3\ 176.8$　$h_{w5}=763.6$　$h_{d6}=927.1$　$h_6'=2\ 928.0$

$p_{r6}=2.33$　$p_{n6}=2.17$　$h_6=3\ 385.8$　$h_{w6}=930.0$　$h_{d7}=1\ 098.9$　$h_{rh}=3\ 537.3$

$p_{r7}=4.30$　$p_{n7}=4.17$　$h_7=3\ 046.4$　$h_{w7}=1\ 099.7$

$p_c=0.005\ 9$　$\tau_b=31.7$　$h_c=2\ 369.6$　$h_{wc}=149.2$

注：①来自再热冷段。

附表 5　法国 300 MW 机组热力系统

No	H_j^0	η_j^0	H_j	η_j	α_j	τ_j	q_j	γ_j
1	162.9	0.072 532	162.9	0.072 553 2	0.038 540	127.0	2 245.9	
2	299.3	0.124 61	299.3	0.124 61	0.032 674	113.6	2 401.9	255.8
3	451.2	0.193 66	451.2	0.193 66	0.044 879	131.7	2 329.9	
4	562.5	0.228 71	562.5	0.228 71	0.031 611	94.1	2 459.5	
5	736.8	0.287 68	736.8	0.287 68	0.036 573	148.0	2 561.2	311.5
6	856.2	0.427 91	856.2	0.427 91	0.060 903	166.4	2 000.9	177.8
7	934.2	0.479 69	712.8	0.366 01	0.088 916	169.7	1 947.5	

$Q=2\ 708.8$　$Q_0=2\ 754.4$　$A_4=0.809\ 69$　$\alpha_{rh}=0.907\ 16$

$H=1\ 221.8$　$H_0=1\ 242.4$　$A_3=0.778\ 08$　$\Delta Q_{rh-7}=490.9$

$\eta_i=0.451\ 0$　$A_1=0.700\ 53$

附录 4.6　意大利 328 MW 机组

意大利 328 MW 机组热力系统图表：

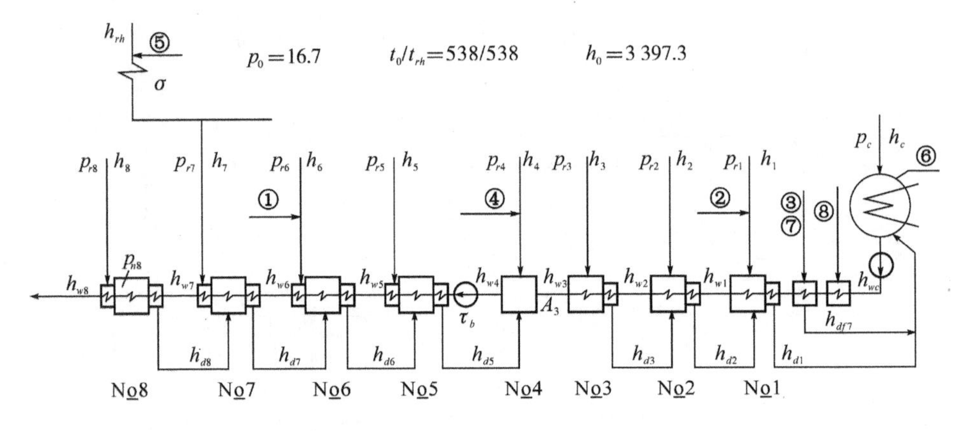

$p_{r1}=0.084\,7$　$p_{n1}=0.064\,6$　$h_1=2\,638.9$　$h_{w1}=359.3$　$h_{d1}=179.5$　$\alpha_{f1}=0.000\,879\,56$　$h_{f1}=3\,397.3$

$p_{r2}=0.147$　$p_{n2}=0.139$　$h_2=2\,765.8$　$h_{w2}=450.3$　$h_{d2}=379.0$　$\alpha_{f2}=0.001\,224\,4$　$h_{f2}=3\,116.6$

$p_{r3}=0.286$　$p_{n3}=0.272$　$h_3=2\,896.8$　$h_{w3}=539.4$　$h_{d3}=470.5$　$\alpha_{f3}=0.000\,219\,51$　$h_{f3}=3\,034.2$

$p_{r4}=0.517$　$p_{n4}=0.490$　$h_4=3\,025.4$　$h_{w4}=635.8$　$h_{d5}=673.2$　$\alpha_{f4}=0.004\,058\,5$　$h_{f4}=3\,034.2$

$p_{r5}=1.18$　$p_{n5}=1.12$　$h_5=3\,265.3$　$h_{w5}=793.7$　$h_{d6}=806.8$　$\alpha_{f5}=0.006\,614\,6$　$h_{f6}=3\,170.2$

$p_{r6}=2.20$　$p_{n6}=2.09$　$h_6=3\,413.2$　$h_{w6}=929.1$　$h_{d7}=946.3$　$\alpha_{f6}=0.000\,995\,12$　$h_{f7}=3\,170.2$

$p_{r7}=3.64$　$p_{n7}=3.46$　$h_7=3\,034.6$　$h_{w7}=1\,048.5$　$h_{d8}=1\,083.0$　$\alpha_{f7}=0.000\,643\,9$

$p_{r8}=7.85$　$p_{n8}=7.45$　$h_8=3\,214.6$　$h_{w8}=1\,284.9$　$h_{df7}=815.6$　$q'_{f8}=3\,975$

$p_c=0.004\,9$　$\tau_b=26.3$　$h_c=2\,375.6$　$h_{wc}=136.3$　$h_{rh}=3\,538.5$

注：⑧发电机冷却器；

①～⑥来自再热冷段以前；

⑤经高压缸轴封直接流入中压缸。

附表 6　意大利 328 MW 机组热力系统

No	H_j^0	η_j^0	H_j	η_j	α_j	τ_j	q_j	γ_j
1	263.3	0.107 06	263.3	0.107 06	0.054 574	223.0	2 459.4	119.5
2	368.8	0.154 52	368.8	0.154 52	0.027 159	91.0	2 386.8	91.5
3	485.7	0.200 18	485.7	0.200 18	0.027 183	89.1	2 426.3	
4	594.0	0.238 94	594.0	0.238 94	0.022 185	97.4	2 486.0	133.8
5	801.9	0.309 36	801.9	0.309 36	0.040 948 1	156.9	2 592.1	133.6
6	908.4	0.348 54	908.4	0.348 54	0.044 066	135.4	2 606.3	139.5
7	985.2	0.471 77	758.8	0.363 36	0.049 708	119.4	2 088.3	136.7
8	1 100.7	0.516 37	889.1	0.417 10	0.113 17	236.4	2 131.6	

$Q=2\,514.5$　$Q_0=2\,616.3$　$A_3=0.725\,43$　$\Delta Q_{rh-7}=503.9$

$H=1\,141.7$　$H_0=1\,181.5$　$A_c=0.613\,43$　$\Delta Q_{rh-8}=470.9$

$\eta_i=0.449\,2$　$\alpha_{rh}=0.824\,11$

附录 4.7　日立 350 MW 机组

日立 350 MW 机组热力系统图表：

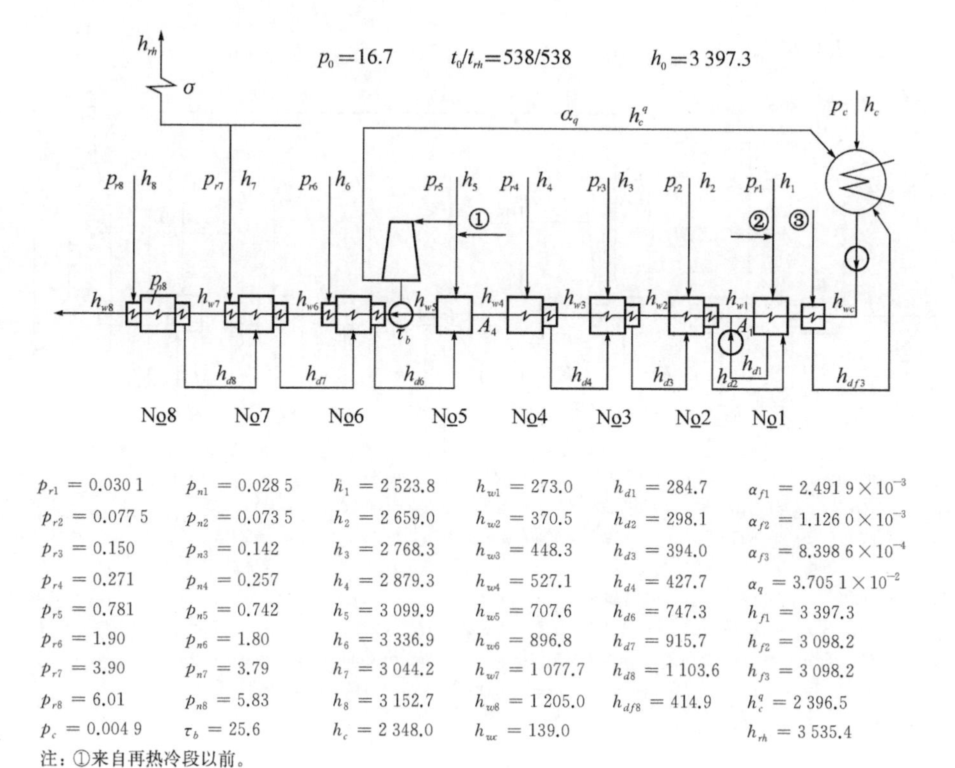

$p_{r1}=0.030\ 1$	$p_{n1}=0.028\ 5$	$h_1=2\ 523.8$	$h_{w1}=273.0$	$h_{d1}=284.7$	$\alpha_{f1}=2.491\ 9\times10^{-3}$
$p_{r2}=0.077\ 5$	$p_{n2}=0.073\ 5$	$h_2=2\ 659.0$	$h_{w2}=370.5$	$h_{d2}=298.1$	$\alpha_{f2}=1.126\ 0\times10^{-3}$
$p_{r3}=0.150$	$p_{n3}=0.142$	$h_3=2\ 768.3$	$h_{w3}=448.3$	$h_{d3}=394.0$	$\alpha_{f3}=8.398\ 6\times10^{-4}$
$p_{r4}=0.271$	$p_{n4}=0.257$	$h_4=2\ 879.3$	$h_{w4}=527.1$	$h_{d4}=427.7$	$\alpha_q=3.705\ 1\times10^{-2}$
$p_{r5}=0.781$	$p_{n5}=0.742$	$h_5=3\ 099.9$	$h_{w5}=707.6$	$h_{d6}=747.3$	$h_{f1}=3\ 397.3$
$p_{r6}=1.90$	$p_{n6}=1.80$	$h_6=3\ 336.9$	$h_{w6}=896.8$	$h_{d7}=915.7$	$h_{f2}=3\ 098.2$
$p_{r7}=3.90$	$p_{n7}=3.79$	$h_7=3\ 044.2$	$h_{w7}=1\ 077.7$	$h_{d8}=1\ 103.6$	$h_{f3}=3\ 098.2$
$p_{r8}=6.01$	$p_{n8}=5.83$	$h_8=3\ 152.7$	$h_{w8}=1\ 205.0$	$h_{df8}=414.9$	$h_c^q=2\ 396.5$
$p_c=0.004\ 9$	$\tau_b=25.6$	$h_c=2\ 348.0$	$h_{wc}=139.0$		$h_{rh}=3\ 535.4$

注：①来自再热冷段以前。

附表 7　日立 350 MW(TC2F－350)机组热力系统

No	H_j^0	η_j^0	H_j	η_j	α_j	τ_j	q_j	γ_j
1	175.8	0.073 717	175.8	0.073 717	0.035 682	135.8	2 384.8	159.1
2	299.3	0.126 77	299.3	0.126 77	0.028 843	95.7	2 360.9	95.9
3	396.4	0.166 95	396.4	0.166 95	0.024 282	78.2	2 374.3	78.7
4	494.3	0.205 39	494.3	0.205 39	0.024 783	78.3	2 406.6	
5	700.6	0.272 31	700.6	0.272 31	0.054 178	180.5	2 572.8	220.2
6	877.6	0.338 89	877.6	0.338 89	0.054 922	189.2	2 589.6	168.4
7	1 019.0	0.478 74	793.5	0.372 80	0.081 013	180.9	2 128.5	187.5
8	1 037.5	0.506 32	832.0	0.406 03	0.063 393	127.3	2 049.1	

$Q=2\ 612.6$　$Q_0=2\ 683.5$　$A_4=0.746\ 49$　$\Delta Q_{rh-7}=491.2$

$H=1\ 199.2$　$H_0=1\ 231.7$　$A_1=0.593\ 88$　$\Delta Q_{rh-8}=447.8$

$\eta_i=0.459\ 0$　$\alpha_{rh}=0.855\ 59$

附录 4.8 日立 250 MW 机组

日立 250 MW 机组热力系统图表：

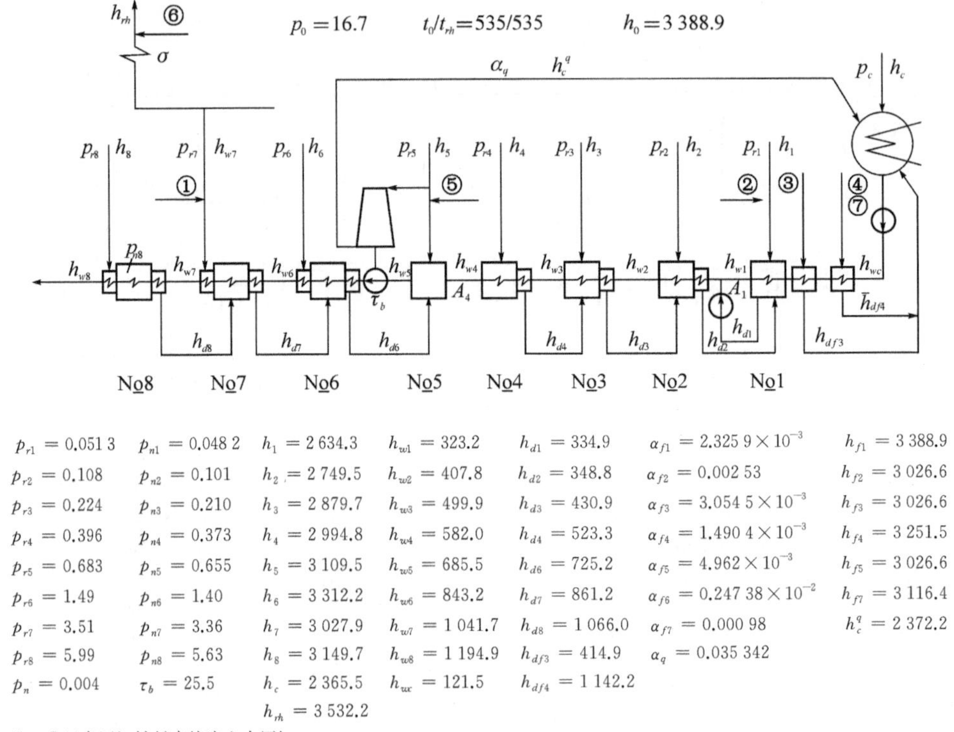

$p_{r1}=0.051\,3$ $p_{n1}=0.048\,2$ $h_1=2\,634.3$ $h_{w1}=323.2$ $h_{d1}=334.9$ $\alpha_{f1}=2.325\,9\times10^{-3}$ $h_{f1}=3\,388.9$

$p_{r2}=0.108$ $p_{n2}=0.101$ $h_2=2\,749.5$ $h_{w2}=407.8$ $h_{d2}=348.8$ $\alpha_{f2}=0.002\,53$ $h_{f2}=3\,026.6$

$p_{r3}=0.224$ $p_{n3}=0.210$ $h_3=2\,879.7$ $h_{w3}=499.9$ $h_{d3}=430.9$ $\alpha_{f3}=3.054\,5\times10^{-3}$ $h_{f3}=3\,026.6$

$p_{r4}=0.396$ $p_{n4}=0.373$ $h_4=2\,994.8$ $h_{w4}=582.0$ $h_{d4}=523.3$ $\alpha_{f4}=1.490\,4\times10^{-3}$ $h_{f4}=3\,251.5$

$p_{r5}=0.683$ $p_{n5}=0.655$ $h_5=3\,109.5$ $h_{w5}=685.5$ $h_{d6}=725.2$ $\alpha_{f5}=4.962\times10^{-3}$ $h_{f5}=3\,026.6$

$p_{r6}=1.49$ $p_{n6}=1.40$ $h_6=3\,312.2$ $h_{w6}=843.2$ $h_{d7}=861.2$ $\alpha_{f6}=0.247\,38\times10^{-2}$ $h_{f7}=3\,116.4$

$p_{r7}=3.51$ $p_{n7}=3.36$ $h_7=3\,027.9$ $h_{w7}=1\,041.7$ $h_{d8}=1\,066.0$ $\alpha_{f7}=0.000\,98$ $h_c^q=2\,372.2$

$p_{r8}=5.99$ $p_{n8}=5.63$ $h_8=3\,149.7$ $h_{w8}=1\,194.9$ $h_{df3}=414.9$ $\alpha_q=0.035\,342$

$p_n=0.004$ $\tau_b=25.5$ $h_c=2\,365.5$ $h_{wc}=121.5$ $h_{df4}=1\,142.2$

$h_{rh}=3\,532.2$

注：⑥经高压缸轴封直接流入中压缸；

①～⑥来自再热冷段以前。

附表 8 日立 250 MW 机组热力系统

No	H_j^0	η_j^0	H_j	η_j	α_j	τ_j	q_j	γ_j
1	268.8	0.106 97	268.8	0.106 97	0.050 931	203.7	2 512.8	227.3
2	359.7	0.149 83	359.7	0.149 83	0.024 984	82.6	2 400.7	82.1
3	477.6	0.195 03	477.6	0.195 03	0.028 384	92.1	2 448.8	92.4
4	574.7	0.232 53	574.7	0.232 53	0.025 952	82.1	2 471.5	
5	672.8	0.266 19	672.8	0.266 19	0.025 074	103.5	2 527.5	143.2
6	837.4	0.323 70	837.4	0.323 70	0.043 517	157.7	2 587.0	136.0
7	1 013.4	0.467 72	799.9	0.369 18	0.083 479	198.5	2 166.7	204.8
8	1 039.4	0.498 82	846.1	0.406 06	0.075 024	153.2	2 083.7	

$Q=2\,487.9$ $Q_0=2\,698.3$ $A_4=0.765\,62$ $\Delta Q_{rh-7}=504.3$

$H=1\,053.4$ $H_0=1\,142.5$ $A_1=0.595\,00$ $\Delta Q_{rh-8}=456.6$

$\eta_i=0.423\,4$ $\alpha_{rh}=0.582\,78$

附录 4.9　国产 N200 MW 机组

N200-130/535/535 机组热力系统图表：

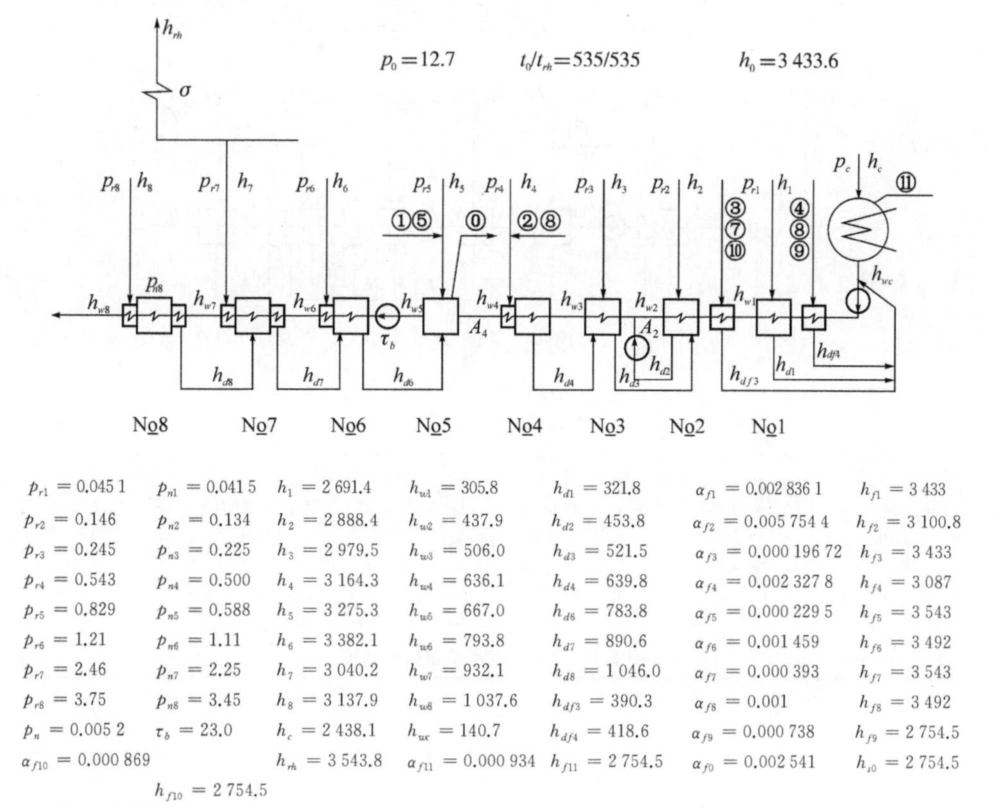

$p_{r1}=0.045\ 1$　$p_{n1}=0.041\ 5$　$h_1=2\ 691.4$　$h_{w1}=305.8$　$h_{d1}=321.8$　$\alpha_{f1}=0.002\ 836\ 1$　$h_{f1}=3\ 433$

$p_{r2}=0.146$　$p_{n2}=0.134$　$h_2=2\ 888.4$　$h_{w2}=437.9$　$h_{d2}=453.8$　$\alpha_{f2}=0.005\ 754\ 4$　$h_{f2}=3\ 100.8$

$p_{r3}=0.245$　$p_{n3}=0.225$　$h_3=2\ 979.5$　$h_{w3}=506.0$　$h_{d3}=521.5$　$\alpha_{f3}=0.000\ 196\ 72$　$h_{f3}=3\ 433$

$p_{r4}=0.543$　$p_{n4}=0.500$　$h_4=3\ 164.3$　$h_{w4}=636.1$　$h_{d4}=639.8$　$\alpha_{f4}=0.002\ 327\ 8$　$h_{f4}=3\ 087$

$p_{r5}=0.829$　$p_{n5}=0.588$　$h_5=3\ 275.3$　$h_{w5}=667.0$　$h_{d6}=783.8$　$\alpha_{f5}=0.000\ 229\ 5$　$h_{f5}=3\ 543$

$p_{r6}=1.21$　$p_{n6}=1.11$　$h_6=3\ 382.1$　$h_{w6}=793.8$　$h_{d7}=890.6$　$\alpha_{f6}=0.001\ 459$　$h_{f6}=3\ 492$

$p_{r7}=2.46$　$p_{n7}=2.25$　$h_7=3\ 040.2$　$h_{w7}=932.1$　$h_{d8}=1\ 046.0$　$\alpha_{f7}=0.000\ 393$　$h_{f7}=3\ 543$

$p_{r8}=3.75$　$p_{n8}=3.45$　$h_8=3\ 137.9$　$h_{w8}=1\ 037.6$　$h_{df3}=390.3$　$\alpha_{f8}=0.001$　$h_{f8}=3\ 492$

$p_n=0.005\ 2$　$\tau_b=23.0$　$h_c=2\ 438.1$　$h_{wc}=140.7$　$h_{df4}=418.6$　$\alpha_{f9}=0.000\ 738$　$h_{f9}=2\ 754.5$

$\alpha_{f10}=0.000\ 869$　$h_{rh}=3\ 543.8$　$\alpha_{f11}=0.000\ 934$　$h_{f11}=2\ 754.5$　$\alpha_{f0}=0.002\ 541$　$h_{s0}=2\ 754.5$

$h_{f10}=2\ 754.5$

注：⊙向轴封送汽；

①～④来自再热冷段以前。

附表 9　N200-130/535/535 机组热力系统

No	H_j^0	η_j^0	H_j	η_j	α_j	τ_j	q_j	γ_j
1	253.3	0.099 306	253.2	0.099 306	0.044 182	165.1	2 550.7	
2	433.9	0.168 01	433.9	0.168 01	0.037 773	134.0	2 582.6	215.7
3	488.8	0.198 86	488.8	0.198 86	0.021 124	66.2	2 458.0	118.3
4	650.1	0.257 52	650.1	0.257 52	0.037 186	130.1	2 524.5	
5	751.6	0.284 78	751.6	0.284 78	0.002 175 2	30.9	2 639.2	147.7
6	816.3	0.314 17	816.3	0.314 17	0.036 012	126.8	2 598.3	106.8
7	944.4	0.439 34	726.7	0.338 06	0.061 854	138.3	2 149.6	155.4
8	937.8	0.465 51	771.9	0.368 99	0.051 462	105.5	2 091.9	

$Q=2\ 836.8$　$Q_0=2\ 899.5$　$A_4=0.847\ 97$　$\Delta Q_{rh-7}=503.6$

$H=1\ 226.0$　$H_0=1\ 253.1$　$A_2=0.744\ 67$　$\Delta Q_{rh-8}=467.2$

$\eta_i=0.432\ 2$　$\alpha_{rh}=0.875\ 57$

附录 4.10 国产 N100 MW 机组(非再热机组)

N100 MW 机组(非再热机组)热力系统图表:

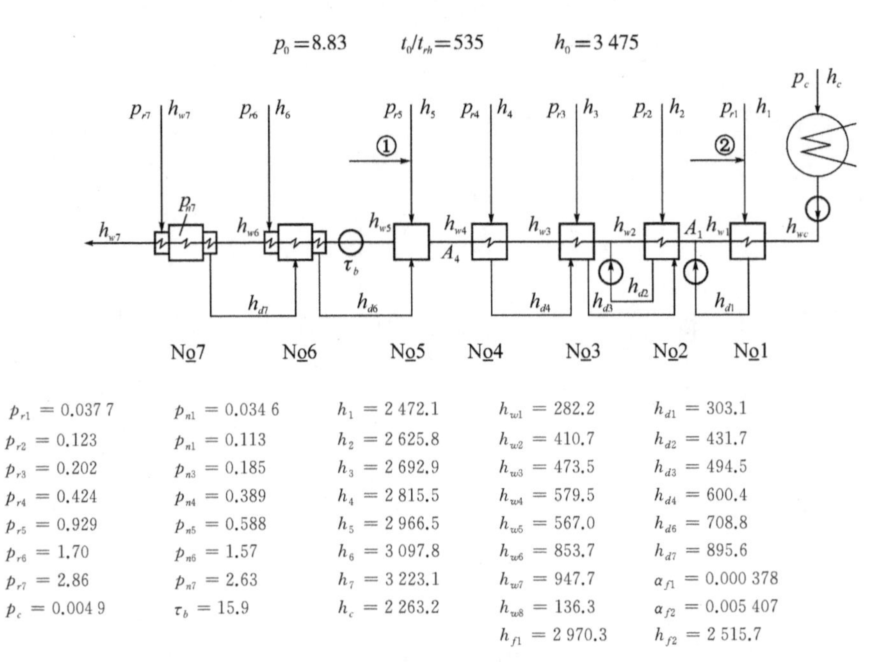

$p_{r1}=0.037\,7$ $p_{n1}=0.034\,6$ $h_1=2\,472.1$ $h_{w1}=282.2$ $h_{d1}=303.1$

$p_{r2}=0.123$ $p_{n1}=0.113$ $h_2=2\,625.8$ $h_{w2}=410.7$ $h_{d2}=431.7$

$p_{r3}=0.202$ $p_{n3}=0.185$ $h_3=2\,692.9$ $h_{w3}=473.5$ $h_{d3}=494.5$

$p_{r4}=0.424$ $p_{n4}=0.389$ $h_4=2\,815.5$ $h_{w4}=579.5$ $h_{d4}=600.4$

$p_{r5}=0.929$ $p_{n5}=0.588$ $h_5=2\,966.5$ $h_{w5}=567.0$ $h_{d6}=708.8$

$p_{r6}=1.70$ $p_{n6}=1.57$ $h_6=3\,097.8$ $h_{w6}=853.7$ $h_{d7}=895.6$

$p_{r7}=2.86$ $p_{n7}=2.63$ $h_7=3\,223.1$ $h_{w7}=947.7$ $\alpha_{f1}=0.000\,378$

$p_c=0.004\,9$ $\tau_b=15.9$ $h_c=2\,263.2$ $h_{w8}=136.3$ $\alpha_{f2}=0.005\,407$

$h_{f1}=2\,970.3$ $h_{f2}=2\,515.7$

附表 10 N100 MW 机组热力系统

No	H_j	η_j	α_j	τ_j	q_j	γ_j
1	208.9	0.089 434	0.042 126	147.2	2 335.8	
2	349.4	0.149 17	0.042 136	129.8	2 342.3	211.0
3	385.0	0.175 13	0.021 651	60.2	2 198.4	105.9
4	489.1	0.220 80	0.041 390	160.0	2 215.1	
5	636.8	0.266 78	0.026 811	87.5	2 387.0	129.3
6	733.6	0.307 07	0.068 721	186.7	2 389.0	186.8
7	801.5	0.344 36	0.053 048	121.0	2 327.5	

$Q=2\,500.3$ $H=1\,008.5$

$\eta_i=0.403\,4$ $A_4=0.847\,64$ $A_1=0.742\,46$

附录 5　水和水蒸气性质计算软件

附录 5.1　软件的安装

(1) 概述

水和水蒸气性质计算软件的名称为：spcs，是可用于 Excel 的加载宏。

(2) 安装步骤

① 将 spcs.xla 拷贝至某目录下。

② 打开 Excel→点击“文件”。

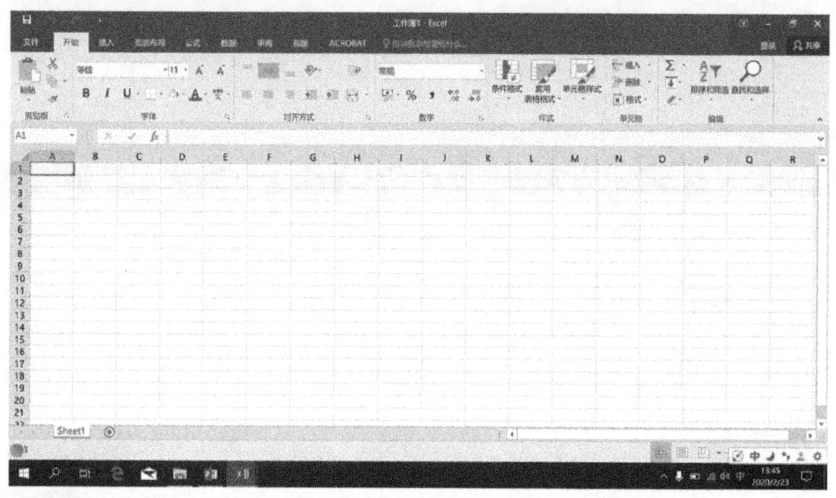

③ 在文件菜单中，点击“选项”(左栏最下)。

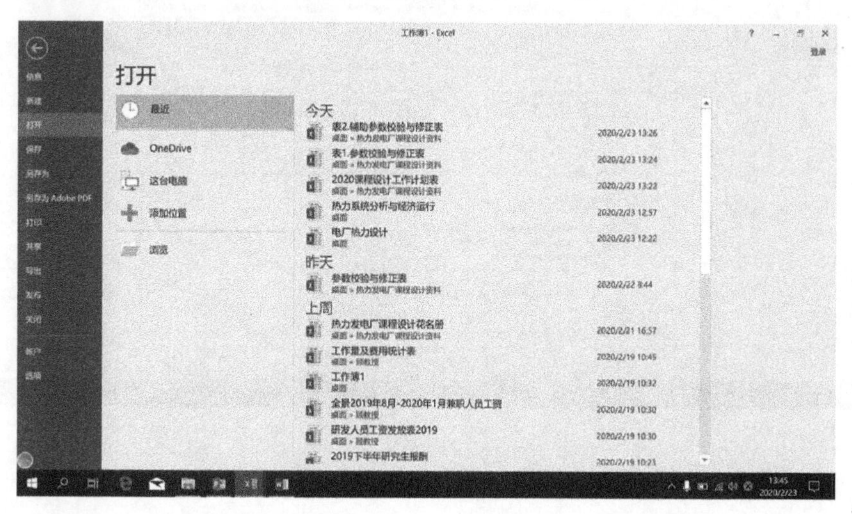

④ 在选项菜单中,点击“加载项”。

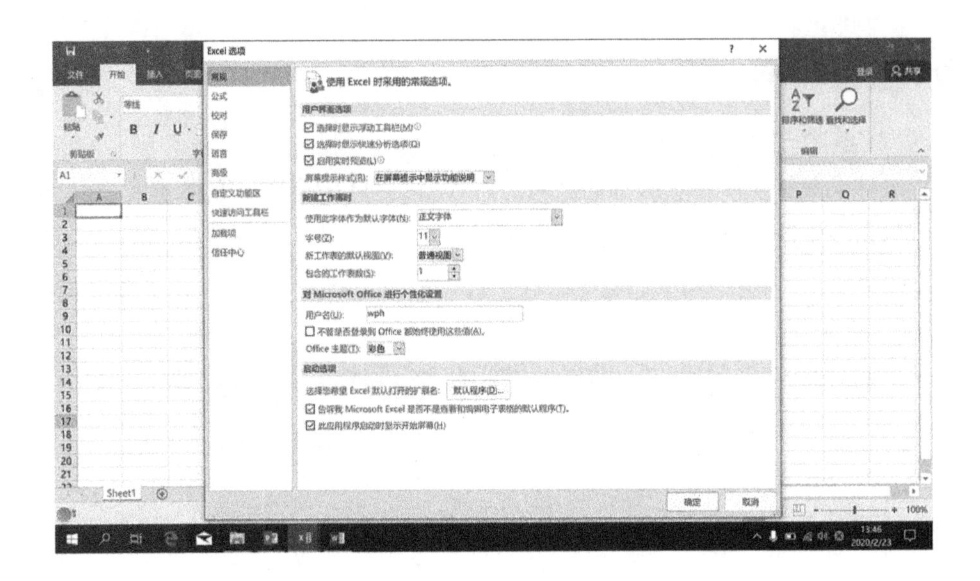

⑤ 在加载项菜单中,点击“转到”。

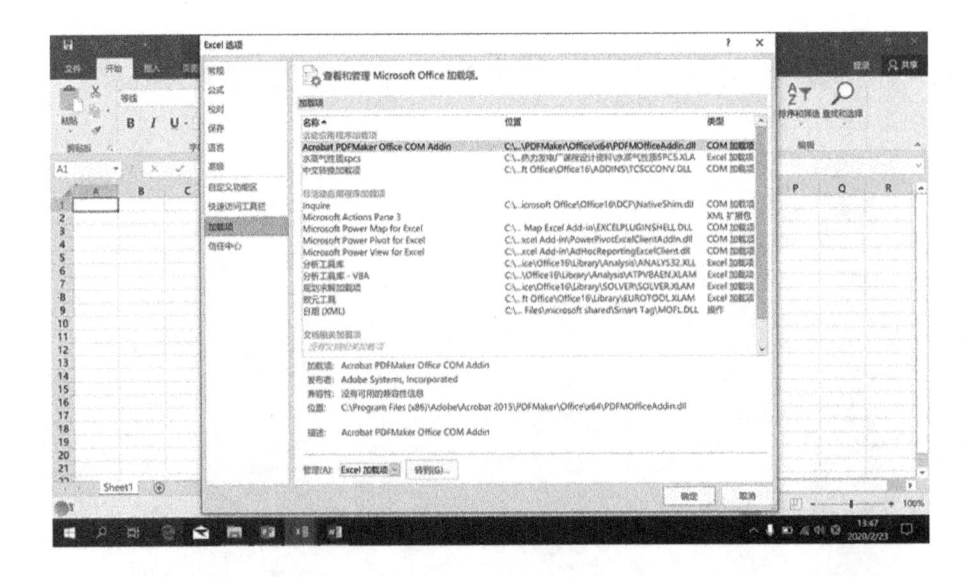

⑥ 在加载宏菜单中,点击“浏览”。

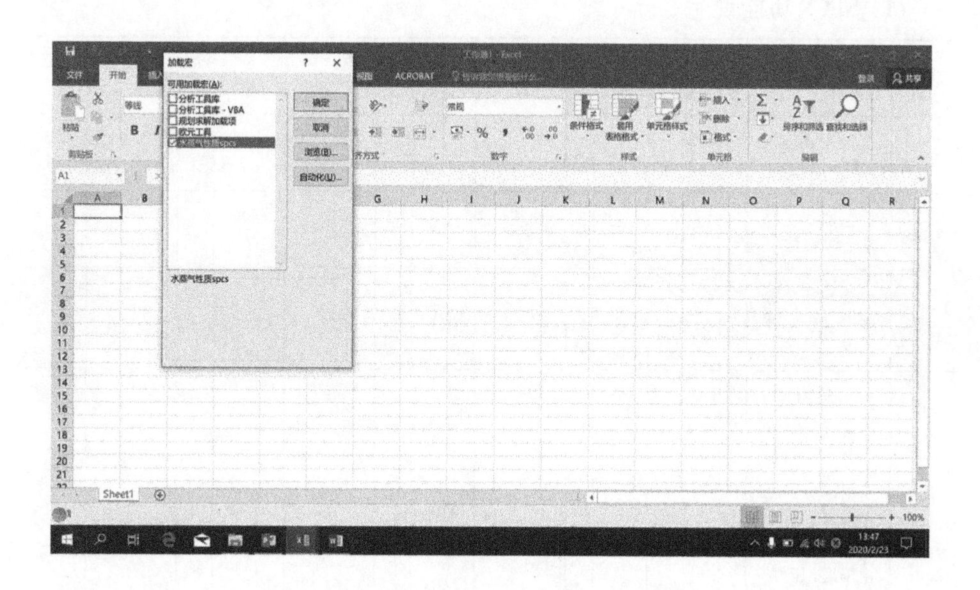

⑦ 在加载宏所在目录中,选定 SPCS 加载宏。

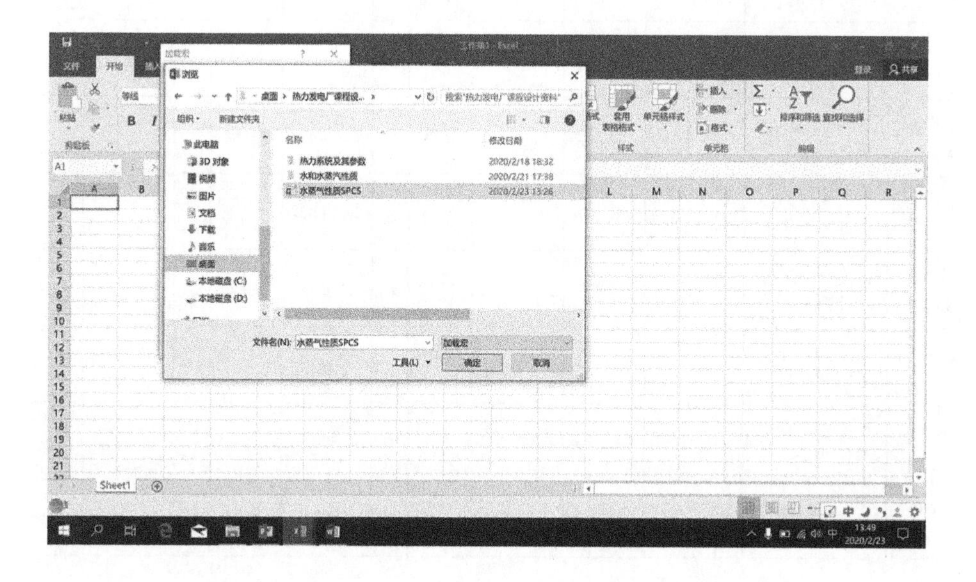

附录 5.2 软件的功能说明

(1) SPCS 功能说明

函数名	功能	符号	数值	单位	符号	数值	单位	符号	数值	单位	符号	数值	单位
ps(t)	由饱和温度 t 求饱和压力	t_s	100	℃	ps	0.101 325	MPa						
ts(p)	由饱和压力 p 求饱和温度	p_s	0.1	MPa	ts	99.631 63	℃						
phx (p, h)	由饱和压力 p 湿汽焓 h 求干度	p	0.005	MPa	h	2 500	kJ/kg	x	0.974 59				
thx (t, h)	由饱和温度 t 湿汽焓 h 求干度	t	30	℃	h	2 500	kJ/kg	x	0.976 816				
wat (t, p,1)	由温度 t 压力 p 求过冷水焓	t	100	℃	p	10	MPa	h	426.501 9	kJ/kg			
wat (t, p,2)	由温度 t 压力 p 求过冷水熵	t	100	℃	p	10	MPa	s	1.299 189	kJ/(kg·K)			
wat (t, p,3)	由温度 t 压力 p 求过冷水容	t	100	℃	p	10	MPa	v	0.001 039	m^3/kg			
wpht (p, h)	由压力 p 比焓 h 求过冷水温	p	10	MPa	h	426.501 9	kJ/kg	t	100	C			
wthp (t, h)	由温度 t 比焓 h 求过冷水压	t	100	MPa	h	426.501 9	kJ/kg	p	10	MPa			
ste (t, p,1)	由温度 t 压力 p 求过热汽焓	t	500	℃	p	13	MPa	h	3 336.838	kJ/kg			
ste (t, p,2)	由温度 t 压力 p 求过热汽熵	t	500	℃	p	13	MPa	s	6.440 937	kJ/(kg·K)			
ste (t, p,3)	由温度 t 压力 p 求过热汽容	t	500	℃	p	13	MPa	v	0.024 485	m^3/kg			
pht (p, h)	由压力 p 比焓 h 求过热汽温	p	13	MPa	h	3 336.838	kJ/kg	t	500	C			
pst (p, s)	由压力 p 比熵 s 求过热汽温	p	13	MPa	s	6.440 937	kJ/(kg·K)	t	500	C			
thp (t, h)	由温度 t 比焓 h 求过热汽压	t	500	℃	h	3 336.838	kJ/kg	p	13	MPa			

（续表）

函数名	功能	符号	数值	单位	符号	数值	单位	符号	数值	单位	符号	数值	单位
tsp（t，s）	由温度 t 比熵 s 求过热汽压	t	500	℃	s	6.440 937	kJ/(kg・K)	p	13	MPa			
hspt（h，s,1）	由比焓 h 比熵 s 求过热汽压	h	3 336.838	kJ/kg	s	6.440 937	kJ/(kg・K)	p	13	MPa			
hspt（h，s,2）	由比焓 h 比熵 s 求过热汽温	h	3 336.838	kJ/kg	s	6.440 937	kJ/(kg・K)	t	500	C			
hht（p_0，t_0，p_1）	由初压初温终压求等熵焓降	p_0	13	MPa	t_0	500	C	p_1	10	MPa	hht	81.111 89	kJ/kg
hhh（p_0，h_0，p_1）	由初压初焓终压求等熵焓降	p_0	13	MPa	h_0	3 336.838	kJ/kg	p_1	10	MPa	hhh	81.111 89	kJ/kg

(2) 应用演示

① 汽区迭代计算

名称	符号	单位	公式	结果
压力	p	MPa	已知	13.021
温度	t	℃	已知	537.81
焓	h	kJ/kg	ste（t，p，1）	3 437.305 1
熵	s	kJ/(kg・K)	ste（t，p，2）	6.567 153 2
比容	v	m^3/kg	ste（t，p，3）	0.026 215 1
压力	p	MPa	thp（t，h）	13.021
压力	p	MPa	tsp（t，s）	13.021
压力	p	MPa	hspt（h，s，1）	13.021
温度	t	℃	pht（p，h）	537.81
温度	t	℃	pst（p，s）	537.81
温度	t	℃	hspt（h，s，2）	537.81

② 汽区等熵焓降

名称	符号	单位	公式	结果
初压力	p_0	MPa	已知	0.538
初温度	t_0	℃	已知	348.6
初焓	h_0	kJ/kg	ste（t_0，p_0，1）	3 164.489 7
初熵	s_0	kJ/(kg・K)	ste（t_0，p_0，2）	7.594 959 7
终压力	p_c	MPa	已知	0.005 2

（续表）

名称	符号	单位	公式	结果
饱和水熵	s_{wc}	kJ/(kg·K)	wat (ts(p_c), p_c, 2)	0.485 809 1
饱和汽熵	s_{vc}	kJ/(kg·K)	ste (ts(p_c), p_c, 2)	8.382 021 5
排气干度	x_{tc}		$(s_0-s_{wc})/(s_{vc}-s_{wc})$	0.900 324 1
饱和水焓	h_{wc}	kJ/kg	wat (ts(p_c), p_c, 1)	140.696 16
饱和汽焓	h_{vc}	kJ/kg	ste (ts(p_c), p_c, 1)	2 562.853 3
理想焓	h_{tc}	kJ/kg	$h_{wc}+x_{tc}\cdot(h_{vc}-h_{wc})$	2 321.422 7
等熵焓降	H_{t1}	kJ/kg	h_0-h_{tc}	843.066 97
等熵焓降	H_{t2}	kJ/kg	hhh (p_0, h_0, p_c)	843.066 97
等熵焓降	H_{t3}	kJ/kg	hht (p_0, t_0, p_c)	843.066 97

参考文献

[1] 代云修,张灿勇. 汽轮机设备及系统[M]. 2 版. 北京:中国电力出版社,2006.

[2] 郑体宽. 热力发电厂[M]. 2 版. 北京:中国电力出版社,2008.

[3]《现代电气工程师实用手册》编写组. 现代电气工程师实用手册(上册)[M]. 北京:水利水电出版社,2014.

[4]《中国电力百科全书》编辑委员会. 中国电力百科全书:火力发电卷[M]. 北京:中国电力出版社,1995.

[5] 蒋明昌. 火电厂能耗指标分析手册[M]. 北京:中国电力出版社,2011.

[6] 能源部西安热工研究所. 热工技术手册. 第三卷:汽轮机组[M]. 北京:水利电力出版社,1991.

[7] 林万超. 火电厂热系统节能理论[M]. 西安:西安交通大学出版社,1994.

[8] 程明一,阎洪环,石奇光. 热力发电厂[M]. 北京:中国电力出版社,1998.

[9] 武学素. 高南烈. 热力发电厂习题集[M]. 北京:水利电力出版社,1992.

[10] 蔡颐年. 蒸汽轮机[M]. 西安:西安交通大学出版社,1988.

[11] 沈士一,庄贺庆,康松,等. 汽轮机原理[M]. 北京:中国电力出版社,1992.

[12] 郭丙然. 火电厂计算机分析[M]. 北京:水利电力出版社,1991.

[13] 马芳礼. 电厂热力系统节能分析原理:电厂蒸汽循环的函数与方程[M]. 北京:水利电力出版社,1992.

[14](德)维特科夫. 燃用化石燃料的蒸汽发电厂[M]. 钱钟彭,徐智勇,译. 北京:水利电力出版社,1992.

[15](日)小林恒和. 锅炉与蒸汽轮机[M]. 徐昌福,译. 台南:台南正言出版社,1980.

[16] 张正峰,孙文杰. 汽轮机设备及系统[M]. 北京:中国电力出版社,2021.

[17] 全国能源动力类专业教学改革研讨会组委会. 2014 年全国能源动力类专业教学改革研讨会论文集[M]. 镇江:江苏大学出版社,2014.

[18] 侯建琪,石利银. 火电厂热力系统[M]. 哈尔滨:哈尔滨工业大学出版社,2020.
[19] 郑莆燕,王渡,陆剑峰. 热力发电厂课程设计[M]. 北京:中国电力出版社,2018.
[20] 叶涛,张燕平. 热力发电厂[M]. 5 版. 北京:中国电力出版社,2016.
[21] 于立军,韩向新. 热能动力工程[M]. 上海:上海交通大学出版社,2017.
[22] 王培红,苏志刚,王泉,等. 火电机组的性能分析、监测与优化技术的研究进展[J]. 华东电力,2010,38(10):1517-1521.
[23] 权学森,王培红. 汽轮机回热加热器特性建模与仿真[C]//以供给侧结构性改革引领能源转型与创新——第十三届长三角能源论坛论文集. 杭州,2016:48-52.
[24] 王培红. 给水泵效率对汽轮机热力系统经济性的影响[J]. 汽轮机技术,1994,36(4):227-231.
[25] 张小桃,王爱军,李艳华,等. 单元机组运行经济性在线数学模型研究[J]. 热能动力工程,2001,16(4):389-392.
[26] 许寅,王培红. 等效焓降法效率相对变化基准的选择与分析[J]. 华东电力,2009,37(12):2101-2103.
[27] 江峰,王培红. 等效焓降局部定量修正模型的算法研究[J]. 汽轮机技术,2008,50(2):122-125.
[28] 顾江其,王培红. 低压加热器疏水方式改进的经济性分析[J]. 上海节能,2018(3):197-201.
[29] 盛晶铭,孟召军,王敬宇,等. 基于等效热降法的火电厂低压加热器疏水系统热经济性分析[J]. 沈阳工程学院学报(自然科学版),2022,18(4):17-21.
[30] 张春发,郭民臣,张明智. 等效焓降法理论基础的研究[J]. 华北电力学院学报,1993,20(3):21-28.
[31] 陈国年. 300 MW 超临界机组热力系统经济性分析[J]. 华东电力,1996,24(2):1-5.
[32] 江峰,王培红. 等效焓降与热平衡算法的一致性证明与验证[J]. 汽轮机技术,2008,50(4):261-264.
[33] 徐曙,吴晟,余兴刚,等. 等效焓降法的数学推导及误差分析[J]. 汽轮机技术,2016,58(5):329-332.

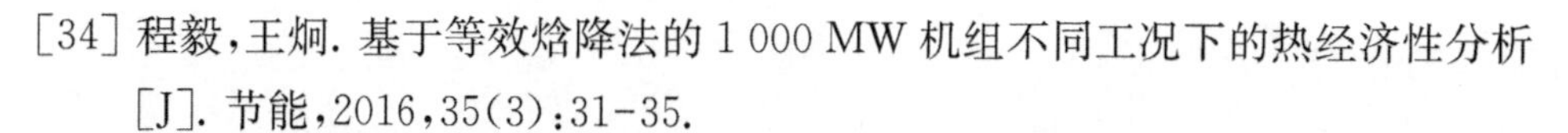

[34] 程毅,王炯. 基于等效焓降法的 1 000 MW 机组不同工况下的热经济性分析[J]. 节能,2016,35(3):31-35.

[35] 薛云灿,沙伟,蔡昌春,等. 主蒸汽参数对煤耗率影响的计算模型比较[J]. 热力发电,2015,44(3):76-80.

[36] 吴正勇,王培红. 加热器端差对机组经济性影响的通用计算模型[J]. 汽轮机技术,2008,50(3):226-229.

[37] 胡申华,张海军,杨豫森,等. 用等效焓降算法计算供热机组的热化发电率[J]. 热力发电,2007,36(4):11-13.

[38] 姬文亮. 热力系统数学建模及通用计算软件的开发[D]. 南京:东南大学,2004.

[39] 张骞. 供热机组通用建模与负荷优化方法研究[D]. 南京:东南大学,2015.

[40] 董益华. 大型供热机组性能在线监测系统的研究与开发[D]. 南京:东南大学,2004.

[41] 王乾. 大型燃煤火电机组冷端系统建模及优化[D]. 南京:东南大学,2016.

[42] 王乾,王培红. 汽轮机及其热力系统性能分析与优化[C]//能源总量控制的途径与对策——第 9 届长三角能源论坛论文集. 南京,2012:196-199.

[43] 廖原,洪利红,赵建峰,等. 等效焓降法在热电联产经济性分析中的应用[J]. 能源与节能,2013(11):5-7.

[44] 王培红,吕沥峰,李磊磊. 汽轮机热力系统的节能改造与回热效果评价[J]. 汽轮机技术,2000,42(6):344-348.

[45] 王培红,汪孟乐. 等效抽汽法及其在汽轮机回热循环分析中的应用[J]. 汽轮机技术,1992,34(3):22-27.

[46] 王培红,汪孟乐. 等效抽汽法在再热机组中的应用[J]. 汽轮机技术,1996,38(6):332-335.

[47] 王培红,李又奎,张小桃,等. 评价蒸汽动力循环经济性的新指标:回热作功比[J]. 东南大学学报,1998,28(S1):61-64.

[48] 陈强,王培红,董益华,等. 汽轮机抽汽等效焓降的矩阵模型算法研究[J]. 汽轮机技术,2003,45(3):153-154.

[49] 程懋华,王培红,高亹. 汽轮发电机组回热系统通用热平衡方程及其结构模型研究[J]. 中国电机工程学报,2002,22(4):66-71.

[50] 殷捷,王培红. 不同喷水减温方式对机组热经济性的影响[J]. 华东电力,2009,37(10):1782-1784.